Grundversuche mit Detektor und Röhre

Von

Dr. Adolf Semiller

Studienrat am Askanischen Gymnasium und Real-Gymnasium
zu Berlin

Mit 28 Textabbildungen

Berlin
Verlag von Julius Springer
1925

ISBN-13:978-3-642-47292-3 e-ISBN-13:978-3-642-47726-3
DOI: 10.1007/978-3-642-47726-3

Herrn Ministerialrat **Dr. Metzner**
Honorar-Professor an der Technischen Hochschule
zu Charlottenburg

in Verehrung gewidmet.

Vorwort.

Die Funkentelegraphie und die drahtlose Telephonie üben immer mehr bestimmenden Einfluß auf das Wirtschafts- und Verkehrsleben der Völker aus. Mit dem Augenblick, wo die Funkentelegraphie als sicheres Nachrichtenmittel ausgebaut war, begann ihr Siegeszug Hand in Hand mit ihrer älteren Schwester, der Drahttelegraphie. Es ist bekannt, wie beide einander ergänzen, insofern namentlich der Nachrichtendienst mit den auf der Fahrt begriffenen Schiffen von Land aus und der Schiffe untereinander aufrechterhalten werden kann, und wie die immer mehr beanspruchten Land- und Seekabel durch die Funkentelegraphie Entlastung erfahren; beispielsweise die Überseekabel durch die drahtlose Überseeverbindung Nauen-Marion.

Besonders geeignet erweist sich die Funkentelegraphie zur Übermittlung kurzer Nachrichten, die gleichzeitig an mehrere Stellen gelangen sollen; Nachrichtendienst; Signale von in Not befindlichen Schiffen.

Diese gleichen Aufgaben kann die Radiotelephonie erfüllen. Als Rundfunk wirkt sie unterhaltend und belehrend auf alle Schichten des Volkes ein und verspricht damit zu einem wichtigen Kulturfaktor zu werden.

Insofern der Rundfunk ein starkes Mittel zur Beeinflussung der öffentlichen Meinung, zur Hebung und Vervollkommnung von Volksbildung und Volkserziehung darstellt, muß er zu gewaltiger Macht anwachsen.

Dadurch, daß viele Amateure und Schüler der höheren Schulen und der Hochschulen sich bemühen, in die physikalischen Grundlagen und die Technik der Hochfrequenz einzudringen, verfolgen sie humanistische Ziele und fördern damit die Kultur. An sie wendet sich vorliegende Arbeit, die nachstehende Zwecke verfolgt:

1. Sie dient dem Lehrer an höheren Schulen und den Leitern von Radiokursen für Amateure, welche die Audionversuchserlaubnis erlangen wollen, als Grundlage für ihren experimentellen Unterricht und ihre Übungen mit Detektor und Röhre.

2. Sie will dem Schüler und Amateur die Möglichkeit geben, die im Unterricht gesehenen Versuche wiederholen zu können, um dadurch das im Unterricht Gesehene zu geistigem Gut werden zu lassen.

3. Sie will dem Bastler die Herstellung einiger Grundgeräte der Radiotelephonie zeigen und eine genaue Beschreibung einfacher Versuche mit Grundgeräten der Radiotelephonie geben, damit er nach Absolvierung des in der Schrift Gebotenen in den Stand gesetzt wird, durch weitere selbständige Untersuchungen sein auf Erkenntnis gerichtetes Streben befriedigen zu können.

Daß wir heute einen Rundfunk haben und daß die Funkentelegraphie immer mehr eine wirkungsvolle Ergänzung der Drahttelegraphie bildet, verdanken wir hauptsächlich der Einführung des Detektors bei den Empfängern und dem präzisen Ausbau der Elektronenröhre als Verstärker, Gleichrichter und Generator.

Als Verstärker ermöglicht die Röhre die Verkleinerung und damit die Verbilligung von Sendestationen.

Als Gleichrichter ist sie infolge ihrer größeren Zuverlässigkeit besser geeignet als der Kristalldetektor.

Als Generator oder Schwingungserzeuger läßt sie infolge der Abstimmschärfe ihres Schwingungskreises den Schwebungsempfang, dann die Überbrückung weiter Räume mit kleinen Energien und schließlich das gleichzeitige ungestörte Arbeiten vieler räumlich eng beieinander liegenden Funksender ohne weiteres zu. Durch die Konstanz der Schwingungen fand die Röhre für akustische Übertragung bald Eingang.

Trotz ihrer großen praktischen Bedeutung und ihrer feinen Physik ist es zum mindesten fraglich, ob dem Detektor und der Röhre im Physikunterricht der höheren Schulen ein Platz eingeräumt werden kann oder nicht.

Die meisten Physiklehrer werden sich gegenwärtig noch für nein entscheiden, und manche von ihnen werden es mit Recht tun, solange sie an der in unseren Schulphysikbüchern angegebenen Behandlung der Elektrizität festhalten. Sie werden sagen, daß bei der Fülle des notwendig zu behandelnden Stoffes und bei der geringen Physikstundenzahl für neuen Stoff kein Platz mehr ist. Das ist aber noch nicht der schwerwiegendste Grund, den sie für ihre Ansicht ins Feld führen können. Sie werden weiter sagen, daß bei den vielseitigen Interessen unserer heutigen Jugend schon viel erreicht ist, wenn die Elemente der Physik geistiges Gut ihrer Schüler geworden sind.

Das bei Schülern beliebte Verfahren, nur einige Versuche mit Detektoren und Elektronenröhren vorgeführt zu sehen, werden fast alle Lehrer ablehnen. Dadurch wird zu leicht bei den Schülern der Dünkel geweckt, nun könnte ihnen niemand mehr etwas Neues über die Wirkungsweise moderner Stationen sagen, selbst der Hochschullehrer nicht.

Vielleicht ist es aber möglich nach dem Verfahren unseres Meisters Grimsehl, die Elektronenröhre und den Detektor mit ihren hauptsächlichsten Anwendungen eingehend zu behandeln unter Verzicht auf einen gleichmäßigen Überblick über die ganze Physik. An Anregungen seitens der Schüler, gerade dieses Gebiet eingehender zu behandeln, wird es nicht fehlen.

Für physikalische Schülerübungen sind wohl einige messende Versuche: Charakteristik des Detektors und der Röhre, Aufnahme von Kennlinien, Steilheit, Durchgriff, Widerstand der Röhre und Eichung eines Schwingungskreises mit dem Wellenmesser geeignet.

An den Schulen, an welchen ein naturwissenschaftlicher Verein besteht, könnten Detektor und Elektronenröhre den Stoff zu einer Vortragsreihe bilden, allerdings wäre dazu nötig, wenn die Vorträge durch einen Schüler gehalten werden sollen, daß dieser dazu sich schon durch häuslichen Fleiß einige Kenntnisse über elektrische Schwingungen angeeignet hätte, und daß der Physiklehrer dem Schüler mit Rat und Tat zur Verfügung stünde. Die behelfsmäßigen Apparate könnte der Schüler in den Schülerübungen anfertigen und ebenso die Versuche unter Aufsicht des Lehrers anstellen.

Die Literatur über die Elektronenröhre ist sehr ausgedehnt, ich erinnere nur an die Fülle von Abhandlungen über Physik und Technik der Röhre im Jahrbuch der drahtlosen Telegraphie, sowie an die populären Darstellungen in der Zeitschrift „Der Radio-Amateur“, dem Organ des Deutschen Radio-Clubs. Recht beträchtlich ist auch der Raum, der diesem Gebiet in Lehrbüchern der Elektrizität gewidmet wird. Selbst Abhandlungen, die sich ausschließlich mit diesem interessanten Gebiet beschäftigen, sind erschienen, manche sind sogar populär gehalten und entbehren jeglicher Mathematik.

Für möglich halte ich es, daß ein Lehrer, dem Fragen über Hochfrequenz besondere Freude bereiten, die Literatur verfolgen kann, vorausgesetzt, daß ihm Fachzeitschriften in genügender Anzahl zur Verfügung stehen. Selbst wenn ein Lehrer die Zeit für eingehende Studien aus erster Quelle aufbringen könnte, so verbliebe ihm zur Vorbereitung auf seinen Unterricht noch die zeitraubende Arbeit, mit den oft nur dürftigen Mitteln seiner Sammlung die wichtigsten Versuche auf dem Gebiete der Hochfrequenz nachzumachen, um damit zu prüfen, welche davon als Unterrichtsversuche aufgenommen werden können und welche nicht.

Für ausgeschlossen halte ich es, daß jeder Physiklehrer sich dieser Mühe unterziehen kann; dafür ist die freie Zeit für manche zu kärglich bemessen, und außerdem bedürfen andere Gebiete, ich erinnere nur an die Atomphysik, ähnlicher Beackerung.

Die Zeitschriften für den naturwissenschaftlichen Unterricht stellen für umfangreiche didaktische Bearbeitungen von Sondergebieten nicht den notwendigen Raum zur Verfügung; sie referieren höchstens über Versuche. Referate nützen dem Fachlehrer in den meisten Fällen nur wenig. Dieser muß, um sich in Kürze in ein ihm bisher fremdes Sondergebiet einzuarbeiten, restlos in die Werkstatt und Arbeit seines Fachkollegen schauen können.

Den Versuch, diesen Forderungen gerecht zu werden, stellt vorliegende Arbeit dar. Stets war ich bemüht, komplizierte Geräte für die grundlegenden Versuche zu vermeiden.

Die in der Arbeit beschriebenen Versuche sind ausnahmslos mit Geräten aus der Sammlung des Askanischen Gymnasiums, aus Heeresgut zugewiesenen und von Schülern angefertigten Apparaten in den Jahren 1920/21 angestellt worden. Die Absicht, sie zu veröffentlichen, habe ich nicht gehabt.

Mit den Teilnehmern an den von dem Direktor der Staatl. Hauptstelle für den naturwissenschaftlichen Unterricht, Herrn Prof. Matthée, eingerichteten Lehrgängen zur Hochfrequenztechnik im physikalischen Institut der Handelshochschule zu Berlin habe ich des öfteren über die Behandlung der Hochfrequenz in der Schule gesprochen. Durch diese Besprechungen bin ich zu der Auffassung gelangt, daß das vorliegende Bändchen vielen Kollegen willkommen sein wird.

Um der Aufforderung möglichst schnell zu entsprechen, habe ich von einer Erweiterung des behandelten Gebietes Abstand genommen, habe aber die Absicht, den ganzen Komplex der hier in Frage kommenden Erscheinungen demnächst ausführlicher darzustellen.

Das Verzeichnis der verwendeten Apparate findet sich auf Seite 5. Die mit einem Stern verzeichneten Geräte befinden sich wohl in den meisten Sammlungen höherer Lehranstalten. Die als wünschenswert bezeichneten Apparate können für die Einführung in die Physik der Elektronenröhre entbehrt werden.

Meinem lieben Kollegen, Herrn Studienrat Dipl.-Ing. Kapfer, spreche ich auch hier für seine mir stets bereitwilligst gewährte Hilfe beim Aufbau der Versuchsanordnungen und Ausführung der Messungen meinen aufrichtigsten Dank aus.

Berlin, im Juni 1925.

Dr. Adolf Semiller.

Inhaltsverzeichnis.

I. Apparateverzeichnis.

1. Notwendige Apparate.

a) Von Fabriken oder Händlern zu beziehende Apparate.

1. 2 Elektronenröhren, Metallfaden pro Stück . . . . . 6,30 M.
   Sparröhren pro Stück . . . . 8,30 M.
2. 2 Stative als Träger für Röhren*.
3. Leitungsklemmen aller Art* . . . . 0,10 M. bis 0,25 M.
4. Akkumulatorenbatterie 4 Volt, 17 Amperestunden* 19.— M.
   Akkumulatorenbatterie 6 Volt, 40 Amperestunden* 35,— M.
5. 16 Volt Akkumulatorenbatterie oder Trockenbatterie (s. Nr. 4 bzw. Nr. 13).
6. Regulierwiderstände bis 10 Ohm, 20 Ohm, 50 Ohm
   1,— M. bis 1,35 M.
7. 1 Regulierwiderstand bis mindestens 100 Ohm*.
8. Blockkondensatoren $^1/_2$ Mikrofarad . . . . 2,— M.
   1 MF . . . . 2,50 M.
   2 MF . . . . 3,— M.
   Bei Verwendung von Nr. 13 unnötig.
9. a) 1 Milliamperemeter (hierzu ist jedes Nullinstrument, wie es beispielsweise in der Wheatstoneschen Brücke Verwendung findet, brauchbar. Es ist zu eichen).*
   b) 1 Galvanometer (Empfindlichkeit 10^{-5} bis 10^{-7} Ampere; ist besser geeignet als 9a; es gestattet objektive Messungen).
10. 1 Telephoninduktor (permanenter Magnet mit Doppel-T-Anker).*
11. 2 Glühlampen von 110 Volt (wenn Zentrale 220 Volt Gleichspannung liefert).* (Unnötig bei Vorhandensein von 13.)
12. 1 Fernhörer * . . . . 9,— M. bis 14,— M.
13. 1 Anodenbatterie 60 Volt, 90 Volt, 100 Volt 6,— M. bis 15,— M.

b) Behelfsmäßige Apparate.

1. 1 Gestell für Elektronenröhre (Abb. 3).
2. 1 Kristalldetektor (Abb. 8).

3. 2 Plattenkondensatoren (Abb. 23).
4. 2 bzw. 4 Selbstinduktionen (Abb. 22 und 25).
5. 1 Mikrophon (Abb. 19).
6. 2 Stromwender.

2. Wünschenswerte Apparate.

1. 4 Holzsche Fußklemmen.
2. 1 Voltmeter bis 150 Volt.
3. 1 Wechselstrommaschine.
4. 2 Drehkondensatoren (500 cm bzw. 1000 cm) mit Feineinstellung fertig montiert, je nach Größe von 19,— M. an.
5. 1 Antenne (Kupferdraht oder besser Siliciumbronzedraht) über Schulhof in Schulhaushöhe mit Antennenzuführung nach Physiksaal oder Zimmerantenne.
   Antennenlitze 100 m . . . . 5,— M.
6. 1 Detektorempfänger in bester Ausführung . . . 25,— M.
7. 1 Thermoelement.*
8. 1 Wellenmesser bis 1600 m mit Summerbrett und Seibt-Summer und Detektorbrett mit Detektor vollständig, jedoch ohne Fernhörer: . . . . 118,— M.

9. 1 Niederfrequenzverstärker 10. 1 Widerstandsverstärker 11. 1 Hochfrequenzverstärker	Preis nach Anfrage; empfehlenswert ist die Anschaffung der Einzelteile eines Verstärkers und die eigenhändige Zusammenstellung der Einzelteile zu einem Verstärker nach mitgelieferter Zeichnung.

12. 1 Spule (Fig. 25) (anstelle von Ib4).
13. 1 Experimentierdetektor (anstelle von Ib2) . . . 4,50 M.
14. Honigwabenspulen je nach Größe (anstelle von Ib4) von 1,50 an
15. Röhrensockel (anstelle von Ib1) pro Stück . . . 1,— M.
16. 1 Lautsprecher z. B. MW 99 . . . . 68,— M.

Sämtliche in vorstehendem Verzeichnis angegebenen Apparate werden von der Firma Dr. Friedrich Moeller & Co., Radioingenieurbüro, Berlin-Neukölln, Kaiser Friedrichstr. 237 zu den angefügten Preisen in bester Ausführung geliefert. Herr Dr. Moeller ist Beirat für Radiowesen an der Staatl. Hauptstelle für den naturw. Unterricht in Berlin.

II. Die Relais.

Eine wesentliche Vervollkommnung hat die Drahttelegraphie durch Einführung der elektromagnetischen Relais erfahren. Auf langen Fernleitungen werden die von einer Gebestation ausgesandten Ströme zu schwach, um den Schreibstift eines Morseapparates direkt betätigen zu können. Die schwachen Ströme sind aber imstande, wenn sie die Wicklungen eines Elektromagneten durchfließen, ein durch eine Feder geführtes Stück weichen Eisens anzuziehen und nach Aufhören des Fließens des Stromes wieder freizugeben. Wird auf der Gebestation die Taste gedrückt, so fließt in der Fernleitung ein Strom. Das Stück Eisen wird angezogen und damit der Strom einer Lokalbatterie an der Empfangsstation geschlossen. Durch den Lokalstrom wird der Schreibapparat betätigt und auf dem Papierband ein Strich aufgezeichnet. Wird die Taste auf der Gebestation losgelassen, so ist die Fernleitung und damit der Elektromagnet des Relais stromlos. Das Eisenstück des Relais kehrt in seine Ruhelage zurück. Der Lokalstrom wird unterbrochen, und der Schreibstift berührt nicht mehr das Papierband.

Anfänglich benutzte man auch in der drahtlosen Telegraphie diese Relais. Sie wurden betätigt durch die Antennenströme der Empfangsstation unter Verwendung eines Kohärers.

Bei größeren Entfernungen von einer Sendestation reichten aber die schwachen Antennenströme der Empfangsstation nicht mehr aus, selbst das Relais zu betätigen. Man mußte also, um größere Reichweiten zu erzielen, entweder die von der Antenne ausgestrahlte Energie vergrößern, was nur durch Vergrößern der Maschinenanlage und Apparate der Sendestation zu erreichen war (der Größe der Sendestationen waren aber für manche Zwecke [Militärstationen] Grenzen gesetzt), oder man mußte das Relais mit Lokalstrom und Morseschreiber der Empfangsstation durch einen empfindlicheren Stromanzeiger ersetzen. Dies geschah durch Einführen von empfindlichen Kristalldetektoren und des Telephons. Allerdings war damit in Kauf zu nehmen, daß der objektive Empfang durch den subjektiven ersetzt war. Ähnlich lagen die Verhältnisse bei der Telephonie mit Draht. Wollte man auf größere Entfernungen hin telephonieren, so war dies nur durch die Einführung des Telephonrelais zu erreichen.

Im Jahre 1906 meldete Lieben-Reiss ein Telephonrelais als Patent an. Durch sein Telephonrelais wurden die Wechselströme in der Fernleitung zu in allen Teilen gleichartigen Wechselströmen umgewandelt, nur waren die Amplituden der Wechselströme nach Passieren seines Relais vergrößert. Die Röhre von Lieben-Reiss war mit Gas gefüllt und zeigte deshalb Inkonstanz bei längerem Arbeiten und größere Abhängigkeit von der Außentemperatur. Erst als man nach dem Vorschlag von Langmuir dazu überging, die Röhren vollkommen zu evakuieren und als Elektronenquelle einen erhitzten Glühfaden aus Wolfram zu verwenden, der dann bekanntlich Elektronen aussendet, waren diese Unvollkommenheiten beseitigt. In einer solchen Röhre hat man reine Elektronenströme, deren Verhalten durch einfache Gesetze mathematisch festgelegt ist.

Die Elektronenröhren, welche der Verstärkung, als Gleichrichter und als Generator geringer Energie dienen, tragen in einer Glasröhre drei Elektroden.

Den Heizdraht K, Kathode genannt, aus Wolfram. Der Heizdraht wird durch eine Akkumulatorenbatterie von 4—6 Volt Spannung über einen Widerstand bei einer Stromstärke von etwa 0,5 Ampere gespeist.

2. Ein Metallsieb G, Gitter genannt. Die Gestalt dieses Siebes ist bei den einzelnen Röhrenkonstruktionen verschieden.

a) G hat die Gestalt einer ebenen Spirale, K liegt G gegenüber (Abb. 1, Telefunkenröhre älterer Konstruktion).

b) G hat die Gestalt einer zylindrischen Spirale, durch deren Achse der Heizfaden geführt ist (Seddig-Rohr).

c) G hat die Gestalt eines U-förmig gebogenen Rostes (Studiengesellschaft für elektrische Leuchtröhren).

3. Die Anode A. Im Falle a) ist A ein kleines Aluminiumblättchen, im Falle b) ein um G liegender Zylindermantel aus Metall, im Falle c) ein ebenso wie G gestaltetes Aluminiumblättchen.

Bei allen diesen Röhrenkonstruktionen ist die Anode A von der Kathode K durch das Gitter G getrennt.

Elektronenröhren, in welchen A von G durch K getrennt ist, haben bis jetzt keine praktische Bedeutung erlangt.

Jede Elektronenröhre hat 4 Anschlüsse A_1, K_1, K_2 und G_1 (Abb. 1) die auf den Ecken eines Quadrats angeordnet sind. A_1 ist ein hohler Messingzylinder zur Aufnahme des Stiftes eines

Steckers. K_1, K_2 und G_1 sind drei gleiche Messingstifte. A_1, der Anschluß der Anode, ist also stets von K_1, K_2 und G_1 unterschieden. G_1, der Anschluß zum Gitter, liegt A_1 gegenüber und ist durch K_1 und K_2, die Anschlüsse zum Heizdraht, getrennt.

An jeder im Betrieb befindlichen Röhre unterscheidet man drei Kreise (Abb. 2): 1. den Heizkreis (punktiert), bestehend aus dem Glühfaden der Kathode K, einem Regulierwiderstand r und einer Batterie B von 4—6 Volt. Der Strom dieses Kreises fließt vom positiven Pol der Batterie B über den Widerstand r, über K zum negativen Pol N der Batterie.

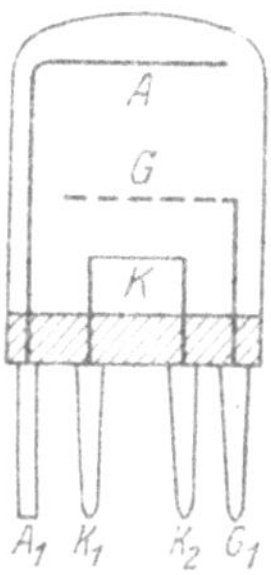

Abb. 1.

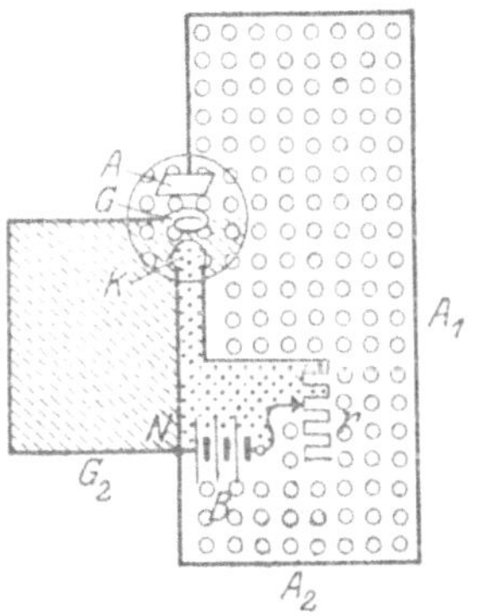

Abb. 2.

2. den Anodenkreis AA_1A_2NKA (durch kleine Kreise gekennzeichnet). Er besteht aus der Anode A, der metallischen Verbindung A_1 und A_2, der Kathode K und der Gasstrecke KA. Zwischen A und N (an Stelle von A_1 und A_2) ist beim Gleichrichter, beim Verstärker und beim Generator eine 100 Volt-Anodenbatterie eingeschaltet, beim Verstärker noch ein Telephon bzw. die Primärspule eines Transformators, beim Generator ein Schwingungskreis.

3. den Gitterkreis KNG_2G_1K (gestrichelt). Er besteht aus dem Gitter G, der Gasstrecke Gitter G, Kathode K, der leitenden Verbindung G_2G_1. In diesen Kreis kann an Stelle von G_1 beim Niederfrequenzverstärker die Sekundärspule eines Transformators, beim Generator beispielsweise eine Selbstinduktionsspule eingeschaltet sein.

An dem Punkt N, dem einen Ende des Glühfadens, kommen alle drei Kreise zusammen. Alle auftretenden Spannungen sollen stets auf die Spannung des Punktes N, das negative Ende des Glühfadens K, bezogen werden. N habe stets die Bezugsspannung Null.

III. Montierung einer Elektronenröhre.

Behelfsmäßig kann man die Röhre in ein Stativ einspannen und die Hülse A, sowie die Steckerstifte K_1, K_2 und G_1 (Abb. 1) mit dünnem, entisoliertem Kupferdraht umwickeln. Die Enden der Kupferdrähte kann man dann zu den Gebrauchsstellen (Akkumulatoren, Galvanometer usw.) führen. Stehen Holz'sche Fußklemmen zur Verfügung, so empfiehlt es sich zur Erreichung größerer Übersicht der Schaltung die Enden der 4 Kupferdrähte zu je einer Holzschen Klemme zu führen und auf dem Experimentiertisch mit Kreide an der Stelle, wo z. B. eine Holz'sche Klemme steht, durch G anzudeuten, daß die Klemme zum Gitter G führt; A hieße Verbindungsklemme mit Anode, $H +$ Verbindungsklemme mit dem positiven, $H -$ Verbindungsklemme mit dem negativen Pol der Heizbatterie.

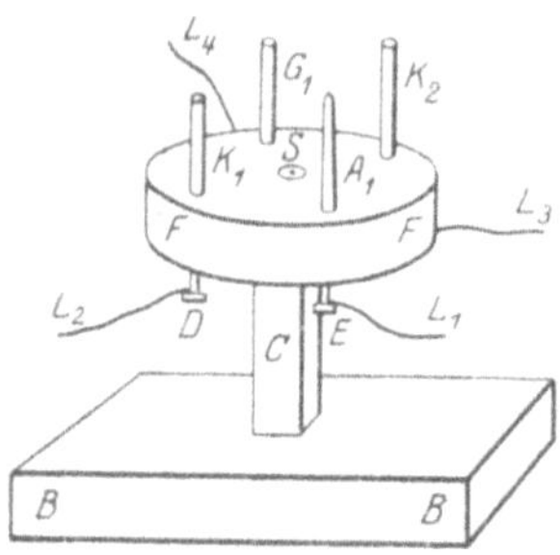

Abb. 3.

Für Unterrichtszwecke habe ich mir von einem Schüler in den Schülerübungen ein Gestell anfertigen lassen, das in Abb. 3 dargestellt ist. BB ist eine Grundplatte aus Holz. Auf ihr steht die Holzsäule C, welche die Hartgummiplatte FF trägt. Durch die Holzschraube S ist FF an C befestigt. K_1, K_2 und G_1 sind Messingbuchsen, A_1 der Stift eines Steckers. K_1, K_2, G_1 und A_1 sind durch FF geführt und münden in Klemmschrauben, von denen zwei in der Abbildung (D und E) zu sehen sind. L_1, L_2, L_3, L_4 sind Leitungsschnüre, welche von diesen Klemmschrauben ausgehen. K_1, K_2 und G_1 nehmen die Steckerstifte und A_1 die Buchse der Elektronenröhre auf. K_1, K_2, G_1 und A_1 sind an der Grundplatte unterhalb der Klemmschrauben D, E usw. bezeichnet, um Verwechslungen bei der Schaltung zu vermeiden oder aber zu vier Tischklemmen geführt, die in den Ecken der Grundplatte *B B* aufgeschraubt sind.

IV. Versuche mit der Elektronenröhre.

Versuch 1 (Abb. 4). Elster u. Geitel haben gezeigt, daß glühende Metalle Elektronen aussenden. Diese Tatsache wollen wir durch den Versuch bestätigen.

Der Glühfaden *K* der Elektronenröhre, die für folgende Versuche verwendet wurde, besteht aus Wolfram.

Legen wir über den Regulierwiderstand *r* und das Amperemeter *J* an *K* die Pole einer 4—6 Volt-Batterie *B*, so daß *K* mit etwa 0,5 Ampere brennt, und verbinden wir den positiven Pol von *B* über einen Schalter *S* und (*E* ist mit *C* verbunden) das Galvanometer *Ga* (Empfindlichkeit 10^{-5} Ampere/Skalenteil) mit dem Gitter *G*, dann zeigt *Ga* einen Strom an.

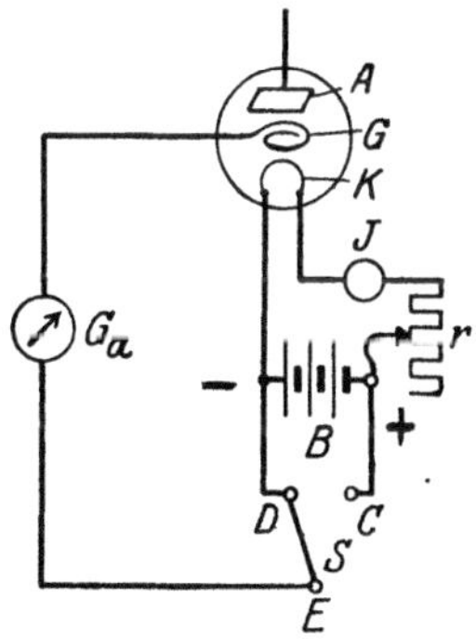

Abb. 4.

Die von *K* ausgesandten Elektronen fliegen gegen *G* und laden es negativ. *G* besitzt also jetzt gegen den positiven Pol der Batterie *B* eine negative Spannung. Dieser Spannungsunterschied gleicht sich durch *Ga* aus. *Ga* zeigt einen Strom an.

Versuch 2. Legen wir *Ga* zwischen *G* und den negativen Pol der Batterie *B* (*E* ist mit *D* verbunden!) so hat *G* eine negative Spannung gegen *K*. Die von *K* ausgesandten Elektronen werden größtenteils von *G* nach *K* zurückgetrieben. In *Ga* kann nur ein schwacher Strom fließen. Erniedrigt man die Gitterspannung durch Einschalten einer Akkumulatorenbatterie etwa zwischen *E* und *Ga*, bei nicht zu starker Heizung von *K* bis etwa — 6 Volt gegen den negativen Pol von *B*, dann werden alle von *K* ausgesandten Elektronen zurückgetrieben. *Ga* bleibt stromlos.

Versuch 3. Legt man das Galvanometer *Ga* zwischen Anode *A* und den positiven Pol von B, so fließt ein schwächerer Strom, als wenn *Ga* zwischen Gitter und positivem Pol von *B* liegt. Der Versuch zeigt, daß der größte Teil der von *K* ausgesandten Elektronen von *G* zurückgehalten wird. *G* wird durch die von *K* ausgehenden Elektronen negativ geladen. Nur der Rest vermag durch die Löcher des Gitters hindurchzutreten und nach A zu gelangen.

Versuch 4. An die städtische Zentrale (Abb. 5) von + 220 Volt und Null Volt Gleichspannung sind zwei hintereinander geschaltete 110 Volt-Glühlampen H_1 und H_2 gelegt. Die Spannung Null an H_1 führt nach A, die positive Spannung (+ 110 Volt) an H_1 über *Ga* nach dem negativen Pol von B. Glüht K, dann fließt im Anodenkreis kein Strom, *Ga* bleibt stromlos. Dies ist auch zu erwarten. In der Röhre herrscht nämlich ein elektrisches Feld, welches von K nach A gerichtet ist. K hat eine Spannung von über + 100 Volt gegen A. Gitter G und Anode A sind kurzgeschlossen.

Ein elektrisches Feld ist ein Raum, innerhalb dessen elektrisch geladene Körper mechanische Wirkungen erfahren. Positiv geladene Körper bewegen sich in Richtung des elektrischen Feldes, negativ geladene Körper dem Felde entgegen. Weil die Elektronen negativ elektrisch geladene Teilchen sind, können sich die von K ausgehenden Elektronen im Feld nicht bewegen, denn das Feld ist von K nach A gerichtet. Mechanische Wirkungen könnten nur Elektronen erfahren, die von A ausgehen. Kalte Elektroden senden aber keine Elektronen aus.

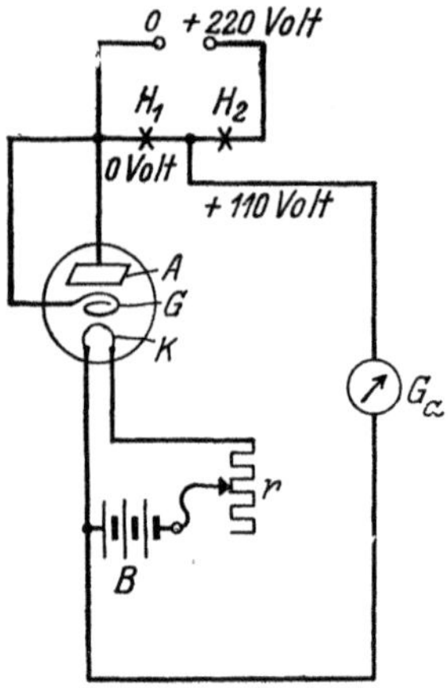

Abb. 5.

Versuch 5. Legt man die Spannung von + 110 Volt der Lampe H_2 (Abb. 6) an die Anode A, die Spannung Null von H_2 an den negativen Pol der Batterie B und heizt K, so zeigt *Ga* einen starken Strom an.

Der Versuch läßt sich folgendermaßen erklären. Die von K ausgehenden Elektronen gelangen zum Gitter G und zur Anode A, geben dort ihre Ladung ab und rufen im Anodenkreis einen Strom hervor, der durch *Ga* angezeigt wird.

---

*) Bei den Versuchen wurde aus Sparsamkeitsrücksichten von der Verwendung einer Anodenbatterie Abstand genommen und stets die Anodenspannung dem Netz entnommen. Trockenbatterien halten bekanntlich, auch wenn ihnen kein Strom entnommen wird, nur etwa 4 Monate.

Bei Versuch 5 ist das elektrische Feld von A nach K gerichtet; die Elektronen als negativ geladene Elektrizitätsteilchen erfahren ponderomotorische Wirkungen, welche dem elektrischen Feld entgegengerichtet sind. Sie fliegen also von K nach A.

Die Versuche 4 und 5 zeigen, daß man das Elektronenrohr ohne weiteres dazu verwenden kann, einen Wechselstrom in einen Gleichstrom zu verwandeln. Nur in dem Falle, daß an A die positive Phase der Wechselspannung liegt, wird das Elektronenrohr einen Strom hindurchlassen. Die negative Phase der Wechselspannung an A ruft im Rohr keinen Elektronenstrom hervor; das

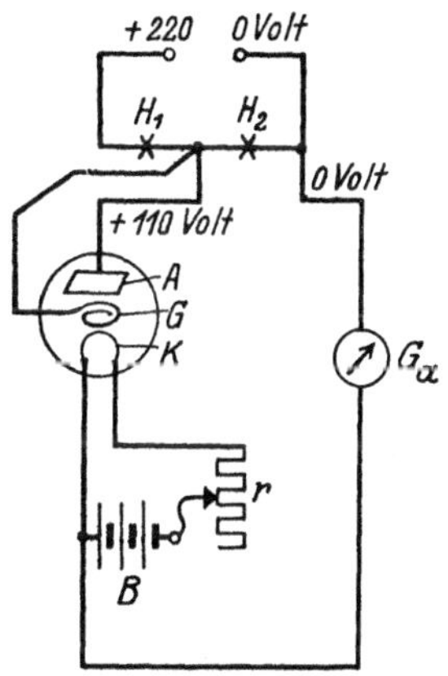

Abb. 6.

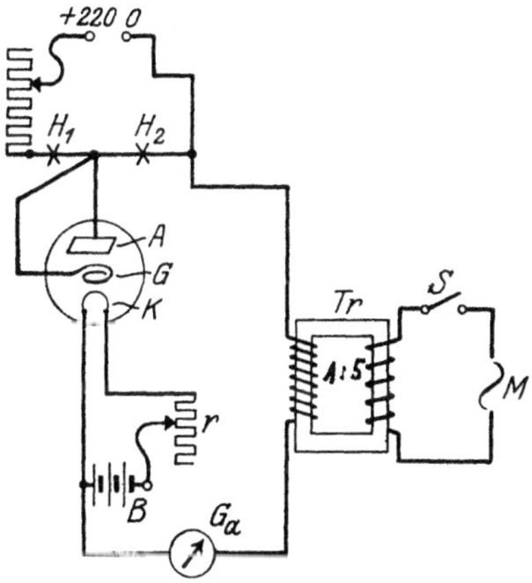

Abb. 7.

Rohr wirkt also als Ventil, das im Falle positiver Spannung an A einen Strom hindurchläßt, im Falle negativer Spannung an A den Strom im Anodenkreis absperrt.

Die Richtigkeit dieser Überlegungen wird durch die Versuche 6 und 7 bestätigt.

Die Wechselspannung von 12 Volt der kleinen Wechselstrommaschine M (Einankerumformer) ist über den Stromschlüssel S (Abb. 7) zur Primärwicklung des Eisentransformators Tr mit dem Übersetzungsverhältnis 1 : 5 geführt. Das eine Ende der Sekundärwicklung von Tr liegt über die 110 Volt Lampe H_2 an A, das andere Ende über Ga am negativen Pol von B.

Versuch 6. Brennt H_2, liegt also an A die Gleichspannung + 110 Volt, und ist S offen, dann zeigt Ga den Anodengleichstrom an. Schließt man S, dann überlagert sich dem Anodengleichstrom in der Anodenleitung der durch Tr transformierte Wechselstrom der Maschine M. Die positive Phase des Wechselstromes vermehrt die Spannung an A, nicht aber den Anodenstrom, denn dieser war schon vor dem Anlegen der Wechselspannung gesättigt.

Liegt aber die negative Phase der Wechselspannung an A, dann erniedrigt diese die Anodenspannung und verkleinert damit den Anodenstrom. Das Galvanometer Ga zeigt also nach Schließen von S einen geringeren Anodenstrom an.

Versuch 7. Ist H_2 abgeschaltet, liegt also das eine Ende der Sekundärwicklung von Tr direkt an der Anode, dann ist der Anodenstrom bei offenem Schlüssel S nur gering (Versuch 3).

Schließt man S, dann trägt nur die positive Phase der Wechselspannung an A zur Vermehrung des Anodenstromes bei. Die negative Phase an A sperrt den Anodenstrom ab; da dieser vor Schließen von S gering war, so kommt diese Phase fast nicht zur Geltung. Ga zeigt also einen starken Anodenstrom an, der durch die positive Phase des Wechselstromes an A ausgelöst wird.

Ist keine Wechselstrommaschine geeigneter Spannung vorhanden, dann verwende man an Stelle der Maschine mit Transformator einen Telephoninduktor (permanenter Magnet mit Doppel-T-Anker) und lege diesen direkt in den Anodenkreis. Dreht man den Anker, dann erhält man bei Versuch 6einen verminderten, bei Versuch 7 einen vergrößerten Anodenstrom, durch Ga angezeigt.

V. Der Kristalldetektor.

Der von Branly entdeckte Kohärer bestand bekanntlich aus einer Glasröhre mit zwei Metallelektroden. Zwischen den Elektroden befand sich in der Glasröhre Metallpulver. Der Kohärer war in den Antennenkreis der Empfangsstation eingeschaltet. Mit dem Kohärer in Reihe geschaltet waren eine galvanische Batterie und eine elektrische Klingel, deren Hammer sowohl gegen die Glocke als auch gegen den Kohärer schlug, wenn die Klingel ertönte.

Trafen auf die Antenne einer Empfangsstation für drahtlose Telegraphie elektrische Wellen, dann wurde der Kohärer leitend, der Lokalstrom war damit geschlossen, und die Klingel ertönte. War die Antenne wieder stromlos, dann war auch der Kohärer nichtleitend, weil der Hammer auch gegen den Kohärer schlug und diesen dadurch nichtleitend machte.

Der verhältnismäßig unempfindliche Kohärer wurde bald durch den Kristalldetektor, auch Zelle genannt, ersetzt. In einer Hartgummi- oder Fiberplatte A (Abb. 8) ist ein Stück Bleiglanz PbS in Woodsches Metall eingelassen. PbS ist mit einer Klemmschraube K_2 leitend verbunden. Gegen PbS drückt eine Messingspiralfeder M, die durch einen Kupferstab Cu, der in dem Gelenk G drehbar angeordnet ist, geführt wird. G ist mit einer Klemmschraube K_1 leitend verbunden.

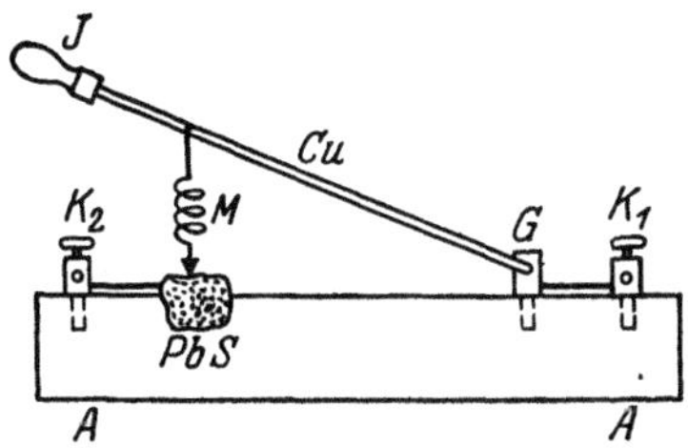

Abb. 8.

1. Schaltung des Detektors (Abb. 10).

Zu dem Drehkondensator C_1 parallel ist die Selbstinduktion K_1 geschaltet. Die Antenne führt zur einen, die Erde zur anderen Klemme des Drehkondensators C_1. Mit der Selbstinduktion K_1 ist eine zweite Selbstinduktion K_2 magnetisch gekoppelt. K_2 ist mit dem Detektor D und dem Blockkondensator C_2 in Reihe geschaltet. K_2, D und C_2 bilden den Detektorkreis. Parallel zu C_2 liegt das Telephon.

2. Wirkungsweise des Detektors.

Der Detektor wirkt: a) als Ventil, b) als Thermoelement.

a) Die Erfahrung lehrt, daß elektrische Ströme beim Detektor in der Richtung PbS nach Cu einen geringen Ohmschen Widerstand (Größenordnung 700 Ohm), in der entgegengesetzten Richtung Cu nach PbS aber einen hohen Ohmschen Widerstand (Größenordnung 20000 Ohm) finden.

b) Berühren sich zwei Metalldrähte, z. B. Eisen und Platin, und wird die Berührungsstelle erwärmt, so entsteht an dieser eine elektromotorische Kraft.

Schaltet man ein solches Thermoelement in einen Hochfrequenzkreis, der durch einen Summer erregt wird, während man die freien Enden des Platin- und des Eisendrahtes (Abb. 9) mit dem Gleichstrommesser Ga verbindet, so zeigt Ga einen Gleichstrom an. Dies rührt daher, daß a) die eine Phase des Wechselstromes im Detektor einen zu hohen Widerstand findet, und b) der

Wechselstrom die Berührungsstelle erwärmt und dadurch an ihr eine elektromotorische Kraft erzeugt, die ihrerseits einen Gleichstrom durch *Ga* schickt.

Versuch 8. Auf ein Holzbrett (9×15 cm²) sind eine Steckdose mit den Buchsen *A* und *B* und zwei Tischklemmen *C* und *D* geschraubt. *C* und *D* sind über ein Galvanometer *Ga*

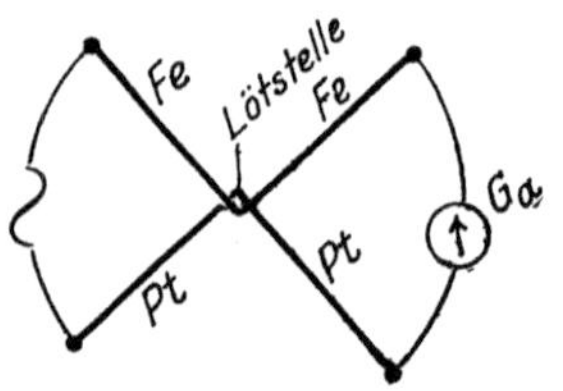

Abb. 9.

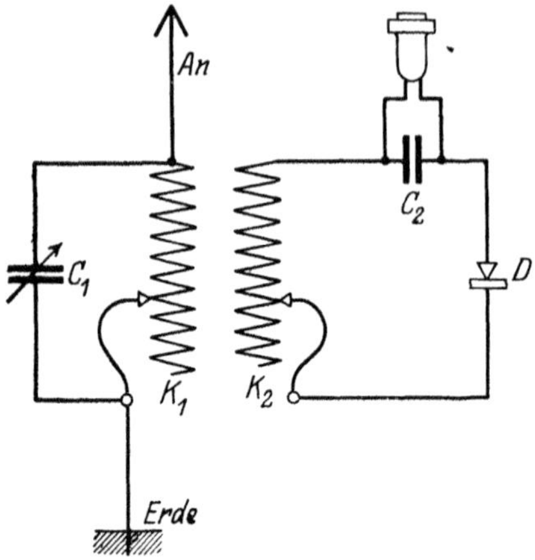

Abb. 10.

mit der Empfindlichkeit $3{,}7 \cdot 10^{-7}$ Ampere/Skalenteil und eine eisenfresie Induktivität L_1 von der Größe 0,05 Henry mit einander verbunden. Mit L_1 ist die mit unterteiltem Eisenkern ver-

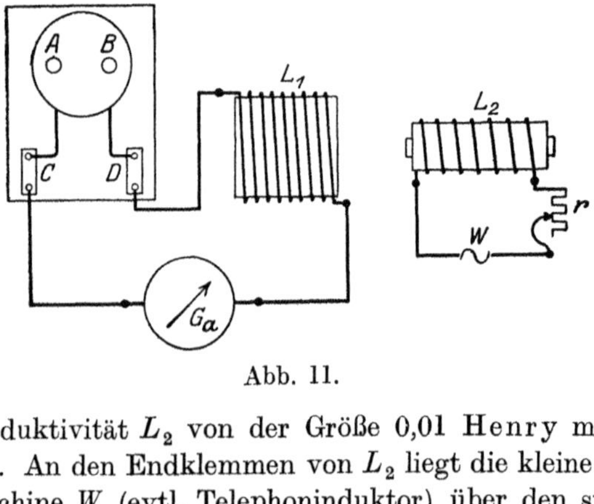

Abb. 11.

sehene Induktivität L_2 von der Größe 0,01 Henry magnetisch gekoppelt. An den Endklemmen von L_2 liegt die kleine Wechselstrommaschine *W* (evtl. Telephoninduktor) über den stetig veränderlichen Widerstand *r* von 0 bis 20 Ohm.

L_1 und L_2 sind die Spulen des Gerätes für Induktionsversuche und wohl in fast allen physikalischen Schulsammlungen anzutreffen. Die Spule L_2 mit Eisenkern ist auf ein Wagengestell mit Rollen montiert, um bequem in das Innere der Spule L_1 eingeführt werden zu können.

Verbindet man die Buchsen A und B der Steckdose durch einen Kurzschlußstecker und setzt die Wechselstrommaschine W in Gang, so wird in dem Kreis $L_1 DBACGa$ eine Spannung induziert, deren Größe von der Entfernung L_2 von L_1 abhängt. Nähert man L_2 an L_1, so erkennt man, daß der Lichtzeiger auf der Galvanometerskala sich verbreitert, daß also die Drehspule von Ga in eine lebhafte Hin- und Herbewegung versetzt wird, ein Beweis dafür, daß in dem Stromkreis $L_1 DBACGa$ ein Wechselstrom fließt.

Ersetzt man den Kurzschlußstecker in A und B durch einen Detektor, so zeigt Ga einen Gleichstrom an. Der Detektor richtet also den Wechselstrom gleich.

Treffen nun auf die Antenne elektrische Wellen (Abb. 10), es sind dies bei Tonfunkensendern etwa 1000 Wellenzüge pro Sekunde, so werden diese von K_1 auf K_2 infolge ihrer magnetischen Koppelung übertragen und damit auch auf den Detektorkreis. Jeder einzelne Wellenzug besteht aus etwa 20 sinusförmigen Wellen, die von geringer Intensität anfangend, allmählich zunehmen, um wieder abzunehmen. Nur eine Phase jeder Welle, sagen wir die negative, wird vom Detektor a) durchgelassen; und außerdem wird b) die Berührungsstelle zwischen PbS und der Messingspirale M erwärmt.

Während die Wellen nicht durch das Telephon infolge seiner hohen Selbstinduktion gehen, sondern den Weg über den Blockkondensator wählen, verhalten sich die Gleichstromimpulse umgekehrt. C_2 versperrt ihnen den Weg, sie müssen über das Telephon fließen. Die Telephonmembran wird durch jeden Gleichstromimpuls etwas angezogen, aber stets in der nämlichen Richtung, alle Impulse addieren ihre Wirkung auf die Telephonmembran. Die Telephonmembran wird in dem Rhythmus, in dem die Wellenzüge auftreffen, angezogen und freigegeben; es schwingt also die Membran so oft hin und her, wie die Anzahl der Wellenzüge angibt. Die Anzahl der Wellenzüge beträgt aber bei Tonfunkensendern 1000 pro Sekunde, also tönt das Telephon mit dem Ton 1000 Schwingungen pro Sekunde.

Morsezeichen, die von einer Station gegeben werden, die mit ungedämpften Wellen arbeitet, können mit dem Kristalldetektor in der angegebenen Schaltung nicht aufgenommen werden. Beim Auftreffen ungedämpfter Wellen wird die Membran des Telephons in der Empfangsstation angezogen, solange in der Gebestation die Taste gedrückt wird. Werden von dort Morsezeichen ausgesandt, dann nimmt man im Telephon nur ein Knacken wahr.

Die Aufnahme ungedämpfter Wellen mit dem Kristalldetektor wurde erst mit Einführung der Elektronenröhre als Sender gelöst. Bis dahin wurden ungedämpfte Wellen mit dem Tikker oder mit dem Schleifer aufgenommen.

VI. Charakteristik eines Detektors (Abb. 12).

1. Hilfsgerät: Steckdose auf Holzbrett mit Flachklemmen. Auf einem rechteckigen Grundbrett (9×15 cm^2) ist eine Steckdose *H* zur Aufnahme der Steckerstifte des Detektors *E* aufgeschraubt. Die Steckerbuchsen sind mit den Tischklemmen *F* und *G* metallisch verbunden.

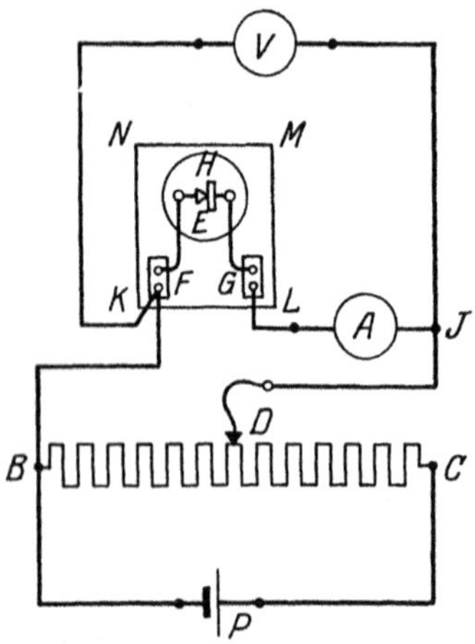

Abb. 12.

2. Schaltung (Abb. 12). Die Polklemmen des Akkumulators *P* führen zu den Enden *B* und *C* eines stetig veränderlichen Widerstandes (0—20 Ohm). Die Klemme *B* ist mit der Klemme *F* und die Klemme *G* ist mit einem Amperemeter *A* von der Empfindlichkeit $3{,}25 \cdot 10^{-6}$ Ampere/Skalenteil verbunden; es ist dies ein durch einen Widerstand von 6,43 Ohm geshuntetes Spiegelgalvanometer mit der Empfindlichkeit $3{,}7 \cdot 10^{-7}$ Ampere/Skalenteil. Die zweite Klemme *J* des Galvanometers ist mit dem Schleifkontakt *D* des Schiebewiderstandes *BDC* verbunden. Parallel zum Detektor *E* und zum Strommesser *A* liegt an den Klemmen *K* und *J* ein Millivoltmeter *V*.

Vorstehende Reihenschaltung von Detektor *E* und Strommesser *A* ist nur dann erlaubt, wenn *A* einen gegen *E* zu vernachlässigenden Widerstand besitzt.

Vorteilhafter kommt man unter Weglassung von *V* zum Ziel, wenn man über einen geeichten, stufenweise veränderlichen Widerstand verfügt. Aus der Stellung von D muß der Widerstand zwischen B und D bekannt sein. Ist dies der Fall, dann kann man aus der bekannten Spannung des Akkumulators oder durch Messung der Stromstärke im Kreise PBC die Spannung zwischen F und G berechnen.

Messung: Man schiebt D bei B angefangen längs BC und notiert zu jeder Spannung U, angezeigt durch V, die dazugehörige Stromstärke I, angezeigt durch A.

Dann polt man den Akkumulator um, nachdem man zuvor D wieder nach B geschoben hat und läßt D längs BC gleiten, indem man zu jeder Spannung $(-U)$ die dazu gehörige Stromstärke $(-I)$ notiert.

Trägt man in einem rechtwinkligen Koordinatensystem, dessen Abszissenachse die Spannung U und dessen Ordinatenachse die Stromstärke I darstellt, die aus den Messungen gefundenen Wertepaare U und I bzw. $(-U)$ und $(-I)$ ein, so erhält man für jeden vermessenen Detektor eine charakteristische Kurve, welche seine Kennlinie genannt wird. Abb. 13 stellt die Kennlinie eines Detektors der Firma Seibt, Berlin-Schöneberg dar.

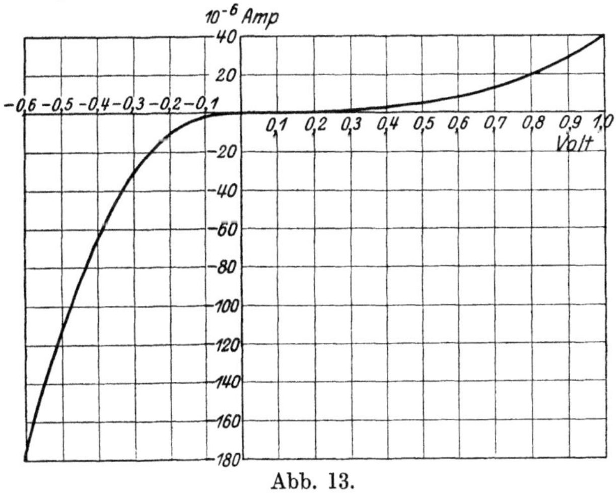

Abb. 13.

VII. Die Ventil- oder Gleichrichterröhre.

Dieselbe Aufgabe wie der Kristalldetektor erfüllt die Elektronenröhre als Gleichrichterröhre. Fleming verwandte als erster die Gleichrichterröhre an Stelle des Kristalldetektors. Seine Röhre war ähnlich gebaut wie die Lieben-Reiss-Röhre, hatte aber kein Gitter.

Mit dem negativen Pol der Heizbatterie B (Abb. 14, A ist mit G verbunden) ist über die Selbstinduktion L_1 und den Blockkondensator C_1 die Anode A verbunden. Parallel zu C_1 liegt der Fernhörer. L_1 ist mit der Selbstinduktion L_2 eines Antennenkreises gekoppelt.

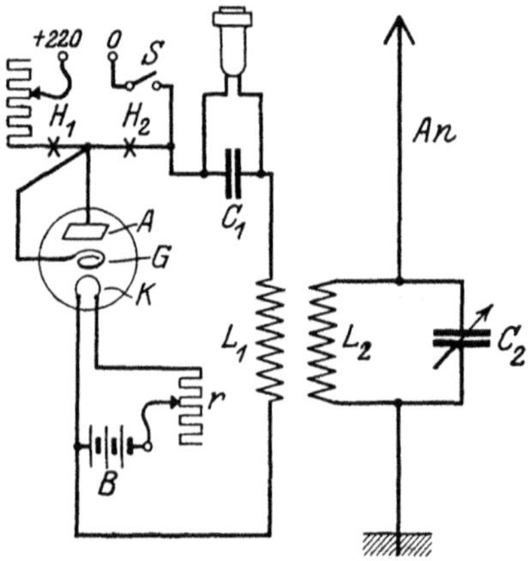

Abb. 14.

Wir unterscheiden zwei Fälle:

1. Die Lampe H_2 ist abgeschaltet. A liegt direkt an C_1. Dann fließt nach Versuch 3 im Anodenkreis nur ein schwacher Strom, weil A gegen K eine geringe negative Spannung hat. Treffen aber auf die Antenne elektrische Wellen, dann übertragen sich diese, insofern L_1 mit L_2 gekoppelt ist, auf den Anodenkreis. Liegt die positive Phase der elektrischen Schwingung an A, dann löst sie einen Anodenstrom aus; liegt aber die negative Phase der elektrischen Welle an A, dann wird der Elektronenstrom in der Röhre abgesperrt, im Anodenkreis fließt dann kein Strom. Es kommen also nur die positiven Phasen der auftreffenden elektrischen Wellen zur Geltung.

2. Die Lampe H_2 liegt zwischen C_1 und A und brennt, so daß an A eine positive Spannung von etwa 100 Volt (evtl. geringere Spannung) liegt. Dann fließt nach Versuch 5 im Anodenkreis ein starker Strom. Treffen nun elektrische Wellen auf die Antenne, dann wird der Anodenstrom beeinflußt. Die positive Phase der auffallenden Welle erhöht nicht den Anodenstrom, die negative Phase aber erniedrigt ihn. Also nur die negativen Phasen der auftreffenden Wellen kommen zur Geltung.

Im ersten Falle werden die positiven, im zweiten Falle die negativen Phasen der Wellen (Gleichstromimpulse) durch C_1 blockiert, sie müssen durch den Fernhörer fließen, denn C_1

bildet für Gleichströme einen im Vergleich zu den Spulen des Fernhörers nahezu unendlich großen Widerstand. Die Membran des Fernhörers selbst schwingt also im Rhythmus der Funkenfolge auf der Gebestation. Gibt zu gewünschter Zeit gerade kein gedämpfter Sender, so errege man den Kreis C_2L_2 unter Abschaltung der Antenne durch einen Summer.

VIII. Charakteristik der Röhre (Abb. 15).

Versuch 9. Die Spannung der städtischen Zentrale + 220 Volt und Null Volt ist über den veränderlichen Widerstand r_3 und

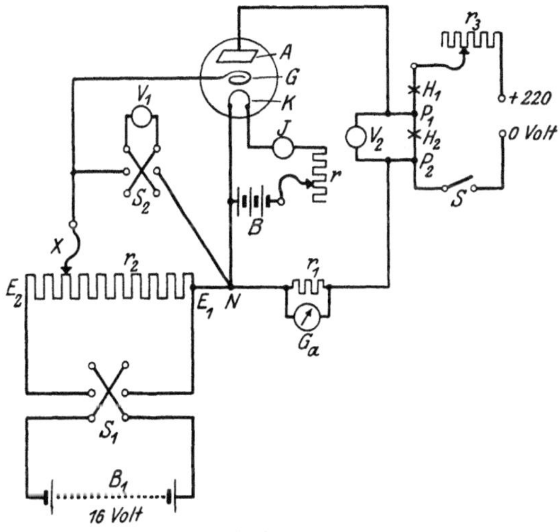

Abb. 15.

zwei hintereinandergeschaltete 110 Volt Glühlampen H_1 und H_2 gelegt. Die Spannungsdifferenz an den Enden P_1 und P_2 der Lampe H_2 kann durch Verändern des Widerstandes r_3 in den Grenzen 50 bis 100 Volt variiert werden. Die Spannungsdifferenz zwischen den Punkten P_1 und P_2 wird durch das Voltmeter V_2 angezeigt. Das eine Ende P_2 der Glühlampe hat stets die Spannung Null. P_1 ist mit der Anode A verbunden. P_2 ist an N, den negativen Pole der Heizbatterie B, über den Widerstand $r_1 =$ 0,464 Ohm gelegt. Parallel zu r_1 liegt ein Galvanometer von der Empfindlichkeit $3{,}7 \cdot 10^{-7}$ Ampere/Skalenteil und dem Widerstand von 50 Ohm. Das Galvanometer hat also in der angegebenen Schaltung eine Empfindlichkeit von $4 \cdot 10^{-5}$ Ampere/Skalenteil.

In den Heizkreis mit der Batterie B, dem veränderlichen Widerstand r und der Kathode K ist noch ein Milliamperemeter J eingeschaltet, um die Heizstromstärke, die gewöhnlich 0,5 Ampere betrug, kontrollieren zu können.

Das eine Ende E_1 des Widerstandes r_2, der in den Grenzen Null bis 350 Ohm kontinuierlich verändert werden konnte, liegt an N. Beide Enden E_1 und E_2 von r_2 führen zum Stromwender S_1, an welchem außerdem noch eine 16 Volt-Batterie B_1 liegt. An N liegt weiter ein Pol des Stromwenders S_2, von dem noch zwei Pole zu dem Voltmeter V_1 führen. Der Schieber X des variablen Widerstandes r_2 ist einerseits mit dem noch freien Pol an S_2, andererseits mit dem Gitter G verbunden.

Liegt der negative Pol von B_1 an E_1, dann ist, wie V_1 anzeigt, die Spannungsdifferenz zwischen N oder, was dasselbe ist, zwischen dem negativen Ende des Glühfadens K und dem Gitter G gleich Null. Verschiebt man X von E_1 nach E_2, dann nimmt G gegen N immer höhere Spannungen e_g bis etwa $+ 16$ Volt an. Schaltet man S_1 und S_2 um, und legt X wieder an E_1, dann ist die Spannungsdifferenz zwischen G und N wieder Null. Verschiebt man X von E_1 nach E_2, so nimmt G alle Spannungswerte von Null bis $- 16$ Volt an.

Trägt man die zu jedem e_g, angezeigt durch V_1, gehörige Anodenstromstärke i_a, angezeigt durch G_a, in einem rechtwinkligen Koordinatensystem mit einer e_g- und einer i_a-Achse ein, so erhält man bei einer bestimmten, konstanten Anodenspannung e_a, angezeigt ducrh V_2, Kurven, wie sie in Abb. 16 gezeichnet sind.

Zu jeder konstanten Anodenspannung e_a gehört eine sog. Charakteristik oder Kennlinie. Alle Kennlinien für verschiedene Anodenspannungen e_a sind von gleicher Form; sie haben alle S-förmige Gestalt. Die Kennlinien, die zu größeren Anodenspannungen e_a gehören, sind gegen diejenigen, welche zu kleinern Anodenspannungen e_a gehören, nur nach links, in Richtung der negativen e_g-Achse verschoben, sonst aber völlig gleich. Durch Parallelverschieben kann man alle Kennlinien zur Deckung bringen.

Schaltet man r_1, G_a liegt parallel dazu, zwischen N und den negativen Pol der Heizbatterie B, dann zeigt G_a die Summe des

Gitterstromes i_g und des Anodenstromes i_a an, d. h. den gesamten von K ausgehenden Emissionsstrom i_e; er besteht aus der Gesamtheit der von K ausgehenden Elektronen.

Trägt man in einem rechtwinkligen Koordinatensystem mit den Achsen e_g und i_e die zu jeder Gitterspannung e_g gehörige Emissionsstromstärke i_e ein, so erhält man ebenfalls Kurven von

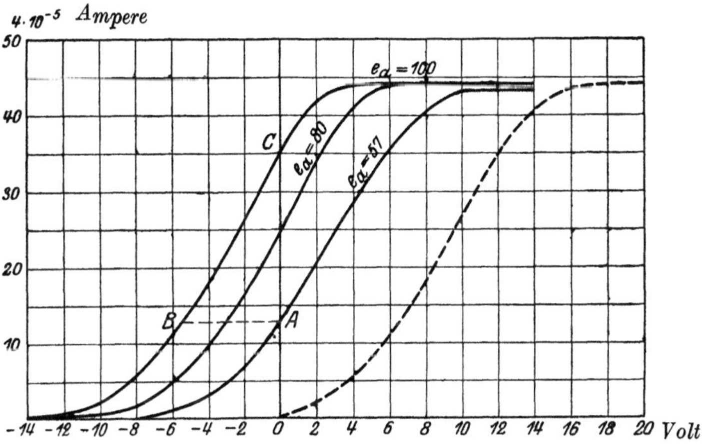

Abb. 16.

der Form, wie sie in Abb. 16 gezeichnet sind. Nur ist die zu jedem e_g gehörige Emissionsstromstärke gleich oder größer als die zu demselben e_g gehörige Anodenstromstärke i_a, gemäß der Gleichung:

$$i_e = i_g + i_a.$$

Was lehrt uns die Charakteristik?

a) Erteilen wir dem Gitter bei einer Anodenspannung $e_a =$ 57 Volt Spannungen von — 8 Volt und darunter, dann fließt im Anodenkreis kein Strom. Alle aus der Kathode K austretenden Elektronen werden vom negativ geladenen Gitter G zur Kathode K zurückgetrieben. Mißt man in diesem Fall den Gitterstrom, so findet man ihn gleich Null. Auch durch die Lücken des Gitters treten keine Elektronen zur Anode hindurch.

b) Erteilen wir dem Gitter bei derselben Anodenspannung $e_a = 57$ Volt Spannungen e_g von + 10 Volt und darüber, dann tritt die Höchstzahl der von der Kathode K ausgesandten Elektronen zum Gitter bzw. durch die Öffnungen des Gitters zur Anode. Die Gesamtstromstärke i_e bzw. die Anodenstromstärke i_a haben ihren Maximalwert erreicht. Höhere Gitterspannungen e_g vermögen die Gesamt- und die Anodenstromstärke nicht mehr zu erhöhen. Gesamt- bzw. Anodenstromstärke sind gesättigt. Diese Überlegungen gelten nur für vollkommen unterhalb 1 : 100000 mm Druck evakuierte Röhren.

IX. Der Durchgriff *D*.

Es sei A die Anode (Abb. 17), G das Gitter, K die Kathode. A habe wie gewöhnlich die Spannung von + 110 Volt gegen K. G habe eine Spannung von + 4 Volt gegen K. Dann gehen von A elektrische Kraftlinien nach G und von G nach K. (Die gestrichelten Linien in Abb. 17 stellen die Kraftlinien schematisch dar.) Außerdem aber verlaufen von A nach K alle diejenigen Kraftlinien, die durch die Löcher von G hindurchgelassen werden, d. h. von A durch G nach K durchgreifen. Die durchgreifenden Kraftlinien werden bei konstanter Gitterspannung um so zahlreicher sein, je weitmaschiger G ist, je näher A an G liegt und um so höher die Anodenspannung e_a ist.

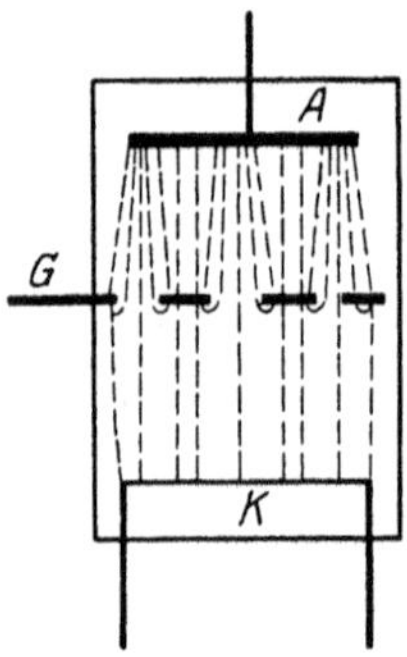

Abb. 17.

Für jede Röhre ist die Weitmaschigkeit von G und die Entfernung G von A durch die Konstruktion der Röhre festgelegt. Also ist für eine bestimmte Röhre die Anzahl der durchgreifenden Kraftlinien nur von e_a abhängig, und umso größer, je größer e_a ist. Die Anzahl der durchgreifenden Kraftlinien wird man proportional e_a setzen können oder gleich $D \cdot e_a$, wenn D einen Proportionalitätsfaktor bedeutet. (Begründung folgt später.)

Ist e_g die Spannung von G, so werden die von K ausgehenden Elektronen nicht nur durch das von e_g herrührende Feld gesteuert, sondern auch von dem Feld, das aus den von A durch G hindurchtretenden Kraftlinien besteht. Es verhält sich also G gerade so, als ob es selbst die höhere Spannung

$$e_{st} = e_g + D \cdot e_a$$

hätte.

Daß die Zusatzspannung ($D \cdot e_a$) proportional e_a gesetzt werden kann, die Gleichung $e_{st} = e_g + D \cdot e_a$ also zu Recht besteht, ergibt die Erfahrung. Sie lehrt, daß alle Kennlinien derselben Röhre bei verschiedenen Anodenspannungen e_a einander parallel und von derselben Form sind (Abb. 16). Kennt man den Proportionalitätsfaktor D und irgend eine Kennlinie einer Röhre, z. B. für $e_a = 0$, d. h. für $e_{st} = e_g$, so muß man mit hinreichender Genauigkeit alle Kennlinien für höhere Anodenspannungen im voraus konstruieren können. Ist dies der Fall, so ist unser Ansatz $e_{st} = e_g + D \cdot e_a$ erlaubt. Ist z. B. $D = 0{,}12$ und $e_g = -2$ Volt, so ist für $e_a = 80$ Volt $i_a = 16 \cdot 4 \cdot 10^{-5}$ Ampere. Erhöht man die Anodenspannung um $\Delta e_a = 20$ Volt, ist also $e_a = 100$ Volt und wird $D \cdot \Delta e_a = 0{,}12 \cdot 20 = 2{,}4$ Volt, dann wirkt dies auf i_a gerade so, als ob man e_g um 2,4 Volt erniedrigt hätte, d.h. auf $e_g = -2-2{,}4 = -4{,}4$ Volt. Das Diagramm ergibt in der Tat für $e_g = -4{,}4$ Volt bei $e_a = 100$ Volt ebenso $i_a = 16 \cdot 4 \cdot 10^{-5}$ Ampere. Dasselbe i_a wird aber bei derselben Heizung der Glühkathode K nur durch die gleiche Spannung e_{st} hervorgerufen. Wie sich e_{st} aus e_g und $D \cdot e_a$ zusammensetzt, ist für den Emissions- oder Elektronenstrom, der bei einer bestimmten Heizung von K ausgeht, gleichgültig.

Ist beispielsweise die Kurve für $e_a = 100$ Volt gemessen, und $D = 0{,}12$ bekannt, dann erhält man jeden Punkt der Kurve für $e_a = 80$ Volt aus der Kurve für $e_a = 100$ Volt, indem man jeden Punkt der Kurve für $e_a = 100$ Volt um $D \cdot e_a = 0{,}12 \cdot 20 = 2{,}4$ Volt parallel der positiven e_g-Achse verschiebt.

Konstruiere aus der Kurve für $e_a = 100$ Volt die Kurve für $e_a = 0$ Volt! Man hat hier jeden Punkt der Kurve für $e_a = 100$ Volt (d. h. $D \cdot e_a = 0{,}12 \cdot 100 = 12$ Volt) um 12 Volt parallel der e_g-Achse zu verschieben. Die gestrichelte Kurve (Abb. 16) ist auf diese Weise aus den durch Messung gefundenen Kurven für $e_a = 57$ Volt und $e_a = 100$ Volt konstruiert. 12% Durchgriff heißt also, daß eine Gitterspannungsänderung von 12 Volt denselben Anodenstrom hervorruft wie eine Anodenspannungsänderung von 100 Volt. Die Größe des Durchgriffes bedingt die Größe der zu wählenden Anodenspannung. Ist der Durchgriff klein, so bedingt dies eine große Anodenspannung; ist der Durchgriff groß, so bedingt dies, um die gleiche Wirkung, also dieselbe Anodenstromstärke zu erhalten, wie bei kleinem Durchgriff, eine kleine Anodenspannung.

e_{st} heißt Steuerspannung. Der Proportionalitätsfaktor D heißt der Durchgriff der Röhre und wird in Prozenten angegeben. D ist eine unbenannte Zahl und gibt also an, in welchem Maße die Anodenspannung im Vergleich zur Gitterspannung auf die Emission der Elektronen oder anders ausgedrückt auf den Elektronenstrom einwirkt.

Messung von *D*.

Wir nehmen mit derselben Elektronenröhre bei konstanter Heizstromstärke mit der in Abb. 15 angegebenen Schaltung zwei Kennlinien (Abb. 16) für die Anodenspannungen $e_a = 57$ Volt und $e_a = 100$ Volt auf. Für die Kennlinie $e_a = 57$ Volt ist: $(e_{st})_1 = (e_g)_1 + D \cdot (e_a)_1$, und für die Kennlinie $e_a = 100$ Volt ist:

$$(e_{st})_2 = (e_g)_2 + D \cdot (e_a)_2$$

$$(e_{st})_1 - (e_{st})_2 = [(e_g)_1 - (e_g)_2] + D \cdot [(e_a)_1 - (e_a)_2].$$

Geht man von dem beliebigen Punkt A auf dem gradlinigen Teil der Kennlinie $e_a = 57$ Volt parallel zur e_g-Achse, so gelangt man zum Punkte B auf der Kurve für $e_a = 100$ Volt. Beide Punkte A und B entsprechen gleichen Anodenstromstärken i_a, also auch gleicher Steuerspannung e_{st}. Also ist für diese Punkte:

$(e_{st})_1 = (e_{st})_2$ und wir erhalten die Gleichung:

$$0 = [(e_g)_1 - (e_g)_2] + D \cdot [(e_a)_1 - (e_a)_2],$$

$$D = -\left(\frac{(e_g)_1 - (e_g)_2}{(e_a)_1 - (e_a)_2}\right)_{i_a = \text{const}} = -\left(\frac{\Delta e_g}{\Delta e_a}\right)_{i_a = \text{const}},$$

wenn wir $(e_g)_1 - (e_g)_2 = \Delta e_g$ und $(e_a)_1 - (e_a)_2 = \Delta e_a$ setzen.

Aus Abb. 16 ergibt sich:

$$D = -\left(\frac{\Delta e_g}{\Delta e_a}\right)_{i_a = \text{const}} = -\frac{5{,}4}{-43} = 0{,}12 = 12\,\%.$$

Aus dieser Gleichung erkennt man erneut, daß D, der Quotient zweier Spannungen, eine unbenannte Zahl ist.

X. Definition und Messung des inneren Widerstandes R_i einer Röhre.

Der innere Widerstand einer Röhre gibt die Abhängigkeit des Anodenstromes von der Anodenspannung, wenn die Gitterspannung konstant gehalten wird. Er ist definiert durch die Gleichung:

$$R_i = \left(\frac{\Delta e_a}{\Delta i_a}\right)_{e_g = \text{const}}.$$

Geht man von dem beliebigen Punkt A (Abb. 16) auf dem geradlinigen Teil der Kennlinie für $e_a = 57$ Volt parallel zur i_a-Achse, so gelangt man zum Punkt C auf der Kennlinie für $e_a = 100$ Volt. Für jede Parallele zur i_a-Achse ist e_g constant; also

$$R_i = \left(\frac{\Delta e_a}{\Delta i_a}\right)_{e_g = \text{const}} = \frac{-43}{-23 \cdot 4 \cdot 10^{-5}} = 47000 \text{ Ohm}.$$

XI. Steilheit der Kennlinie.

Für jeden Punkt einer der beiden Kennlinien $e_a = 57$ Volt und $e_a = 100$ Volt gilt, wenn α der Neigungswinkel der Tangente in irgend einem Punkte der Kennlinien mit der positiven Richtung der e_g-Achse ist:

$$\operatorname{tg} \alpha = S = \left(\frac{\Delta i_a}{\Delta e_g}\right)_{e_a = \text{const}}$$

Für den Teil BC der Kurve, für den $e_a = 100$ Volt ist, wird $S = \frac{92 \cdot 10^{-5}}{5{,}4} = 1{,}7 \cdot 10^{-4}$ Siemens.

S heißt die Steilheit der Kennlinie und ist als der Quotient aus einer Stromstärke und einer Spannung definiert, stellt also der Dimension nach den reziproken Wert eines Widerstandes dar. Mißt man Δi_a in Ampere und Δe_g in Volt, so ist S nach dem Ohmschen Gesetz ein reziproker Widerstand oder ein Leitwert, der in Siemenseinheiten auszudrücken ist $\left(1 \text{ Siemens} = \frac{1}{1 \text{ Ohm}}\right)$. S ist, wie Erfahrung und Theorie lehren, von der Röhrenkonstruktion abhängig, und um so größer, je länger der Glühfaden und je engmaschiger das Gitter sind. Außerdem aber ist S noch für die einzelnen Punkte der Kennlinie verschieden, am größten in der Mitte der Kennlinie, d. h. an der Stelle, wo der Anodenstrom i_a etwa gleich dem halben Sättigungsstrom ist.

In Punkten oberhalb und unterhalb der Mitte wird S immer kleiner und ist für $i_a = 0$ und für $i_a =$ Maximum selbst gleich Null. In diesen beiden Fällen treten, wenn auch e_g vergrößert wird, keine Änderungen von i_a ein (Gleichrichterwirkung der Röhre).

XII. Zusammenhang zwischen *S*, *D* und R_i.

Befinden wir uns auf dem geradlinigen Teil der Kennlinie z. B. im Punkte *B* und ist der Neigungswinkel des geradlinigen Teiles der Charakteristik mit der positiven Richtung der e_g-Achse gleich α, dann gilt:

$$\operatorname{tg}\alpha = S = \frac{AC}{AB} = \frac{(\Delta i_a)_{e_g = \text{const}}}{(\Delta e_g)_{i_a = \text{const}}}.$$

Wir erweitern mit Δe_a und finden:

$$S = \left(\frac{\Delta i_a}{\Delta e_a}\right)_{e_g} \cdot \left(\frac{\Delta e_a}{\Delta e_g}\right)_{i_a} = R_i \frac{1}{\left(\frac{\Delta e_a}{\Delta i_a}\right)} \cdot \frac{1}{\left(\frac{\Delta e_g}{\Delta e_a}\right)} = \frac{1}{R_i} \cdot \frac{1}{D} = \frac{1}{R_i \cdot D}$$

$$R_i = \frac{1}{S \cdot D}.$$

Zur Bestimmung dieser drei Größen benötigt man nur die Festlegung der drei Punkte *A*, *B* und *C*, die auf dem mittleren Teil der Kurven liegen müssen (Abb. 16). Dies geschieht experimentell in folgender Weise.

Nach Schaltung Abb. 15 bestimmt man bei einer beliebigen Anodenspannung z. B. $(e_a)_1 = 57$ Volt und einer beliebigen Gitterspannung z. B. $(e_g)_1 = 0$ Volt die zugehörige Anodenstromstärke $(i_a)_1 = 13 \cdot 4 \cdot 10^{-5}$ Ampere. Dann erhöht man die Anodenspannung z. B. auf $(e_a)_2 = 100$ Volt und bestimmt $(i_a)_2 = 35{,}5 \cdot 4 \cdot 10^{-5}$ Ampere. Hierauf erniedrigt man die Gitterspannung e_g solange, bis bei $e_a = 100$ Volt die Anodenstromstärke i_a wieder den Wert $(i_a)_1 = 13 \cdot 4 \cdot 10^{-5}$ Ampere angenommen hat.

Man hat dann folgende Größen:

1. $\Delta e_a = (e_a)_2 - (e_a)_1$,
2. $(\Delta i_a) e_g = (i_a)_2 - (i_a)_1$,
3. $(\Delta e_g) i_a = (e_g)_1 - (e_g)_2$.

Hiermit findet man:

$$R_i = \left(\frac{\Delta e_a}{\Delta e_a}\right)_{e_g = \text{const}} = 47000 \text{ Ohm},$$

$$S = \left(\frac{\Delta i_a}{\Delta e_g}\right)_{e_a = \text{const}} = 1{,}7 \cdot 10^{-4} \text{ Siemens},$$

$$D = \left(\frac{\Delta e_g}{\Delta e_a}\right)_{i_a = \text{const}} = 0{,}12 = 12\,\%.$$

XIII. Röhrengleichung.

Auf rein theoretischem Wege läßt sich für den geradlinigen Teil der Kennlinie Stromstärke und Steilheit einer Röhre ohne Gitter mit zylindrischer Anode und geradem Heizdraht, der längs der Achse der zylindrischen Anode läuft, aus den Daten der Röhre bei gegebener Anodenspannung berechnen. Bezeichnet i_a die Anodenstromstärke, l die Länge und r den Radius des Anodenzylinders, dann ist:

$$i_a = 1{,}465 \cdot 10^{-5} \frac{e_a^{\frac{3}{2}} \cdot l}{r} \text{ Ampere und}$$

$$S = \frac{3}{2} \cdot (1{,}465 \cdot 10^{-5})^{\frac{2}{3}} \frac{l^{\frac{2}{3}}}{r^{\frac{2}{3}}} i_a^{\frac{1}{3}} \text{ Siemens.}$$

(Bedenke, daß $S = \frac{d_{ia}}{d_{ea}}$ ist).

Beide Formeln sind von Langmuir aufgestellt. Für dieselbe Röhre mit Gitter gilt nach Barkhausen die Gleichung:

$$i_e = i_a + i_g = 1{,}465 \cdot 10^{-5} \frac{l}{r} (e_g + D \cdot e_a)^{\frac{3}{2}} \text{ Ampere.}$$

XIV. Der Niederfrequenzverstärker.

Die aus der Glühkathode austretenden Elektronon können nur dann zum Gitter gelangen, wenn dieses selbst eine positive Spannung gegen die Glühkathode hat. Erteilt man also dem Gitter eine negative Vorspannung von etwa -1 Volt gegen Kathode durch Einschalten eines elektrischen Elements in den Gitterkreis oder durch Einschalten des Regulierwiderstandes r_1 (Abb. 18) des Heizkreises in den Gitterkreis, dann wird der Gitterstrom und damit der Energieverbrauch innerhalb der Röhre, d. h. zwischen Kathode und Gitter praktisch gleich Null.

Die in dem Antennenkreis (Abb. 18), bestehend aus der Antenne *An*, der Kapazität C_1, der Selbstinduktion L_1 und Erde, fließende Energie wird durch die mit L_1 magnetisch gekoppelte Selbstinduktion L_2 auf den Detektorkreis übertragen. Die auf den Detektorkreis übertragenen, gedämpften Schwingungen werden durch den Detektor D gleichgerichtet und durch den Blockkondensator C_2 abgesperrt. Die Gleichstromimpulse müssen durch die Primärwicklung L_3 des Transformators fließen und werden durch die Sekundärwicklung L_4 des Transformators auf den Gitterkreis der ersten Röhre übertragen.

Hat nun das Gitter dauernd eine negative Spannung, dann fließt in dem Abschnitt Gitter-Kathode kein Strom, also wird in diesem Teil des Gitterkreises nichts von der aufgenommenen Energie verzehrt.

Alle von der Antenne aufgenommene Energie wird nur im Antennenkreis, im Detektorkreis und in der Primärwicklung des Transformators L_3 verzehrt. Die durch die Antennenströme indirekt am Gitter hervorgerufenen Spannungen lösen nur den Anodenstrom aus, das Gitter wirkt als widerstandsloses Ventil, insofern es keine Energie verzehrt.

Beträgt beispielsweise die Anodenspannung $e_a = 80$ Volt, dann ist, wie Abb. 16 lehrt, bei -1 Volt Gitterspannung der Anodenstrom $i_a = 80 \cdot 10^{-5}$ Ampere. Ändert sich nun die Gitterspannung e_g durch Erregung der Antenne um einige Millivolt, dann fließt im Anodenkreis ein Wechselstrom, dessen Amplitude um so größer ist, je steiler die Kennlinie verläuft und je größer die Spannungsschwankungen am Gitter sind. Die Anodenströme der ersten Röhre werden weiter durch den Transformator $L_5 L_6$ auf den Gitterkreis der zweiten Röhre übertragen und lösen hier verstärkte Anodenströme aus. Um einen Lautverstärker in Tätigkeit zu setzen, benötigt man im Anodenkreis eine Gleichspannung von etwa 100 Volt. Am besten erhält man diese von einer Akkumulatorenbatterie mit 50 Akkumulatoren oder einer Trockenbatterie von 100 Volt, Anodenbatterie genannt. Man kann sich auch mit der von der Zentrale gelieferten Spannung oder einem kleinen Gleichstromgenerator von etwa 100 Volt behelfen. Die bei Verwendung der Zentrale oder eines Gleichstromgenerators im Verstärker auftretenden lästigen Kollektorgeräusche des Generators beseitigt man zur Genüge durch Parallelschalten eines großen Blockkondensators (Papierkondensatoren von je 2 Mikrofarad sind besonders geeignet und billig) zur Gleichspannung der Zentrale bzw. des Generators.

Die Schaltung des Dreifachniederfrequenzverstärkers für drahtlose Telegraphie zeigt Abb. 18. (L_3 L_4), (L_5 L_6) und (L_7 L_8) sind Transformatoren, deren Eigenfrequenz derjenigen des zu verstärkenden Wechselstromes gleichkommt; bei der drahtlosen Telegraphie sind dies 1000 Schwingungsserien pro Sekunde, wenn an der Gebestation 1000 Funkenserien pro Sekunde die Funkenstrecke passieren. Diese Funken kommen zustande durch die hochtransformierten Spannungen einer 500 Perioden-Wechselstrommaschine.

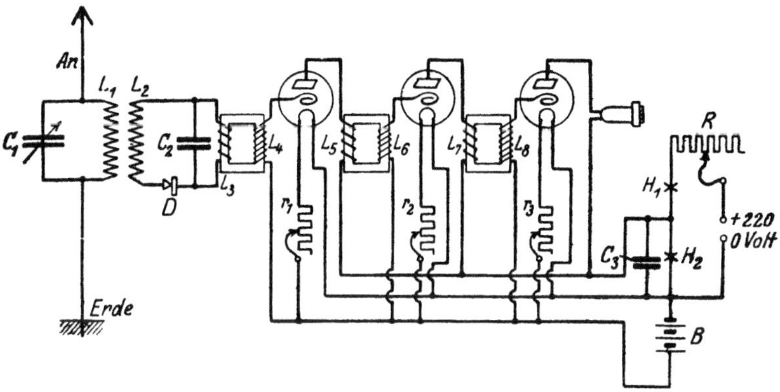

Abb. 18.

Das Übersetzungsverhältnis der Transformatoren beträgt 1 : 20 bis 1 : 3. Bei Niederfrequenzverstärkern für drahtlose Telephonie ist eine stark ausgeprägte Eigenschwingung der Transformatoren unerwünscht. Man vermeidet hier große Übersetzungsverhältnisse der Transformatoren und geht nie über eine zweifache Niederfrequenzverstärkung hinaus. Das Übersetzungsverhältnis der Transformatoren der Verstärker für drahtlose Telephonie ist: $L_3 L_4$ 1 : 6 bis 1 : 10, $L_5 L_6$ 1 : 4 und $L_7 L_8$ 1 : 3.

r_1, r_2 und r_3 sind Heizwiderstände in den Heizkreisen der Röhren. Die Widerstände sind Eisendrähte in verdünntem Wasserstoff; hier ist i in geringen Grenzen von e unabhängig. Die Anodenspannung ist wieder in der üblichen Weise beschafft. Nur ist der Glühlampe H_2 von 110 Volt ein großer Blockkondensator C_3 parallel geschaltet. B ist die Heizbatterie. In dem Anodenkreis der dritten Röhre liegt der Fernhörer.

Versuch 10. Ist keine Antenne vorhanden, so ist zur Demonstration der Verstärkerwirkung eines Verstärkers (für Schulzwecke) folgender Versuch leicht anzustellen (Abb. 19).

Auf dem kleinen Mikrophon M einfachster Konstruktion liegt eine Taschenuhr U. Mit M in Reihe geschaltet ist ein Akkumu-

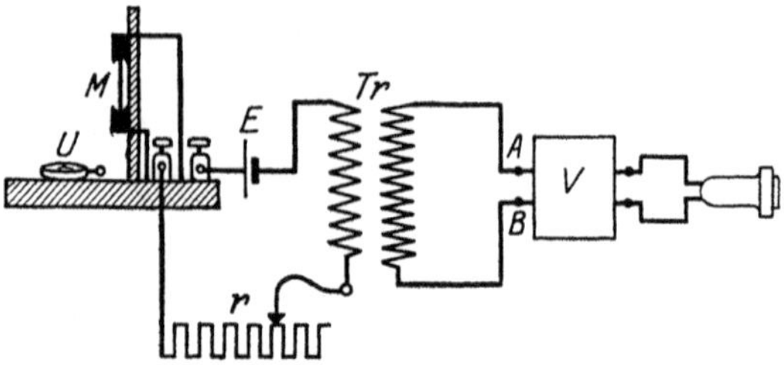

Abb. 19.

lator E, ein veränderlicher Widerstand r (400 Ohm) und die Primärwicklung eines Transformators Tr, wie er sich für Demonstrationsversuche der Induktion in wohl jeder Schulsammlung vorfindet. Die Sekundärwicklung von Tr führt zum Verstärker V. Steht der Verstärker auf unverstärkt (oder legt man unter Abschaltung des Verstärkers den Fernhörer F direkt an die Enden A und B der Sekundärspule des Transformators Tr), so hört man bei passender Wahl von r beim Anlegen des Fernhörers an das Ohr den Gang der Uhr nur leise. Schaltet man aber den Lautverstärker ein, so hört man im Demonstrationszimmer überall das Ticken der Uhr, und zwar in der Nähe des Fernhörers lauter, als wenn man die Uhr direkt an das Ohr hält. Der Versuch gelingt besonders gut mit einem Lautsprecher.

Versuch 11. Bei einer Anodenspannung $e_a = 0$ Volt tritt keine Verstärkung ein; man befindet sich dann nach Abb. 16 bei der Gitterspannung $e_g = -1$ Volt, die ja das Gitter von vornherein nach seiner Schaltung hat, auf der e_g-Achse. Eine geringe Änderung der Gitterspannung ruft keinen Anodenstrom hervor. Man befindet sich trotz der Vermehrung der Gitterspannung noch auf der e_g-Achse. Das Telephon schweigt.

Versuch 12. Erhöht man die Anodengleichspannung kontinuierlich bis auf $e_a = 80$ Volt, dann bemerkt man, daß die Verstärkung dauernd zunimmt. Bei $e_a = 80$ Volt und der Gittervorspannung -1 Volt befindet man sich auf dem geradlinigen Teil der Charakteristik etwa in ihrer Mitte. Geringe Gitterspannungsänderungen rufen maximale Anodenstromstärkeänderungen hervor. Der Fernhörer ertönt stark.

Versuch 13. Erhöht man die Anodenspannung noch mehr auf etwa $e_a = 100$ Volt, dann nimmt die Verstärkung ab, weil die

Steilheit der Charakteristik geringer wird. Bei $e_a = 100$ Volt und $e_g = -1$ Volt befindet man sich, wie Abb. 16 zeigt, schon im Gebiete der Sättigung des Anodenstromes. Änderungen der Gitterspannung rufen nur minimale Änderungen des Anodenstromes hervor. Der Fernhörer ertönt nur schwach.

Schwache Heizung des Glühfadens ist bei den Versuchen 11, 12 und 13 besonders ratsam. Heizt man nämlich stark, dann erhält man bei einer festen Anodengleichspannung, z. B. $e_a = 80$ Volt die Sättigung des Anodenstromes erst bei einer viel höheren Gittergleichspannung als bei schwacher Heizung. Um bei starker Heizung und festgelegter Gittervorspannung von -1 Volt Sättigung zu erhalten, benötigt man hohe Anodenspannungen, bei den üblichen Röhren mehr als 100 Volt.

Bei einem Seddig-Rohr mit schwacher Heizung und der Anodenspannung von 100 Volt erhält man den Sättigungsstrom $i_a = 3 \cdot 10^{-3}$ Ampere bei $+ 12$ Volt Gitterspannung; bei mittlerer Heizung und $e_a = 100$ Volt bei $+ 21$ Volt Gitterspannung $i_a = 7 \cdot 10^{-3}$ Ampere und bei starker Heizung und $e_a = 100$ Volt bei $+ 35$ Volt Gitterspannung $i_a = 15 \cdot 10^{-3}$ Ampere. Es erscheint befremdlich, daß hier von schwacher, mittlerer und starker Heizung des Glühfadens die Rede ist, und daß nicht die Heizstromstärke, etwa in Ampere gemessen, angegeben ist. Nun ist aber die Elektronenemission des Glühfadens in außerordentlicher Weise von der Heizstromstärke abhängig, so daß man zur genauen Angabe dieser einen sehr empfindlichen Strommesser oder parallel zum Faden ein Voltmeter in den Heizkreis einschalten müßte.

Einfacher wählt man zur Umgehung dieser Schwierigkeit folgendes Verfahren: Will man beispielsweise die schon einmal vorgenommene Aufnahme der Charakteristik eines Rohres wiederholen, so reguliert man bei gleicher Anodenspannung wie beim ersten Versuch die Heizstromstärke so lange, bis man bei der beliebig gewählten Gitterspannung die nämliche Anodenstromstärke erhält, die man bei derselben Gitterspannung beim ersten Versuch hatte. Am einfachsten wählt man die Gitterspannung so hoch, daß man nur den Anodensättigungsstrom wie beim ersten Versuch wiedererhält. Man geht also von der Voraussetzung aus, daß der gleichen Gitter- und Anodenspannung bei der gleichen Anodenstromstärke auch die gleiche Heizstromstärke entspricht. Auf die angegebene Weise kann man die in Abb. 13 dargestellten

Kennlinien jederzeit durch den Versuch mit einer Röhre gleichen Typs wiederholen.

XV. Der Hochfrequenzverstärker und Widerstandsverstärker (Abb. 20).

Bei der Glühkathodenröhre wirken die zu verstärkenden Wechselströme auf Elektronen ein, die infolge ihrer Masselosigkeit frei von Trägheit sind. Infolgedessen sind die Elektronen imstande, nicht nur den langsamen Wechselströmen, was ja bis zu Frequenzen, die nach einigen Tausend zählen, auch die Membranen von Telephonen können, sondern auch den hochfrequenten Wechselströmen oder den elektrischen Schwingungen genau zu folgen. Dadurch ist es möglich, nicht erst wie beim Niederfrequenzverstärker die elektrischen Schwingungsserien (1000 pro Sekunde) im Antennenkreis der Empfangsstation mit Hilfe des Detektorkreises in Gleichstromserien von der Anzahl 1000 pro Sekunde zu verwandeln, sondern man kann die gedämpften oder auch die ungedämpften Schwingungen in der Antenne direkt dem Verstärker zuführen und erst nach Passieren des Hochfrequenzverstärkers die Schwingungen durch einen Detektorkreis gleichrichten und dann dem Telephon zuführen oder die ungedämpften Schwingungen durch Überlagerung der ungedämpften Schwingungen eines kleinen Senders, der an der Empfangsapparatur angebracht ist, im Telephon zu hörbaren Tönen gewünschter Frequenz umwandeln. Durch den Hochfrequenzverstärker waren manche Nachteile des Niederfrequenzverstärkers, wie Verzerrung der Schwingungen, durch die Niederfrequenztransformatoren beseitigt.

Beim Niederfrequenzverstärker für drahtlose Telegraphie sind die Transformatoren so dimensioniert, daß ihre Eigenschwingung der zu verstärkenden Schwingung gleichkommt. Da die Frequenz der Schwingungen, die in Niederfrequenzverstärkern zu verstärken sind, im Bereich 1000 pro Sekunde liegen, so standen der Anfertigung passender Transformatoren geringe Schwierigkeiten im Wege.

Die beispielsweise in der drahtlosen Telegraphie zu verstärkenden Hochfrequenzschwingungen gehören aber Wellenlängen von etwa 100 m bis zu 20000 m und darüber an, umfassen also eine gewaltige Wellenskala. Hat man einen Vierfach-Hochfrequenzverstärker, dann sind außer dem Antennenkreis noch vier Transformatorkreise, an jeder Verstärkerlampe einer, abzustimmen. Diese Aufgabe ist praktisch fast unlösbar; nur äußerst geübte Funker wären zur Lösung imstande.

Der Weg des Hochtransformierens der Anodenwechselspannung ist also schwer gangbar, wenn auch zur Erreichung eines störungsfreien Fernempfangs bei Verwendung einer Rückkopplung sehr lohnend.

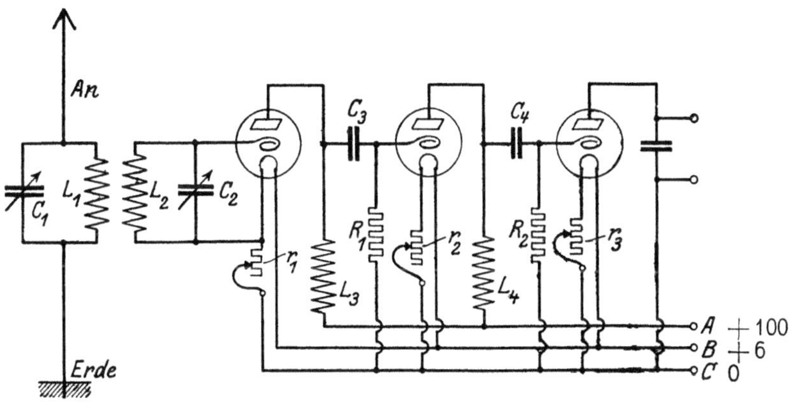

Abb. 20.

Fast ebenso einfach in der Bedienung wie der Detektorempfänger mit Niederfrequenzverstärker ist der in Abb. 20 dargestellte Empfänger mit Hochfrequenzrohr und Drossel- bzw. Widerstandsverstärker.

Die von dem Antennenkreis ($A_n C_1 L_1$ Erde) aufgenommenen Wechselströme erregen, ohne durch den Verstärker selbst „verzerrt" zu werden, tausendfach verstärkt den Fernhörer bzw. Lautsprecher. Der Verstärker ist also in dieser Beziehung von gleicher Güte wie ein Niederfrequenzverstärker mit gut gebauten Niederfrequenztransformatoren, die aber käuflich nur schwer zu erwerben sind. Hinsichtlich des Grades der Verstärkung stehen die Drossel- bzw. Widerstandsverstärker den Niederfrequenzverstärkern nach.

Der Antennenkreis und der abstimmbare Kreis $C_2 L_2$ sind durch die Induktivitäten L_1 und L_2 magnetisch miteinander gekoppelt. Die an den Enden von C_2 auftretenden Spannungsschwankungen werden auf das Gitter der ersten Röhre übertragen und rufen an der eisenfreien Drossel L_3 Spannungsschwankungen hervor. An Stelle der Induktivität L_3 kann man auch einen Silitwiderstand von der Größe des inneren Widerstandes der Röhre, also etwa von der Größe 50000 Ohm, verwenden. Das erste Rohr wirkt als Hochfrequenzverstärkerrohr.

Legt man auf Selektivität weniger Wert, so kann man den Kreis C_2L_2 ganz fortlassen und die Enden von L_1 direkt zwischen das Gitter und das negative Ende der Kathode der ersten Röhre legen.

Das Aufsuchen eines Senders bietet dann überhaupt keine Schwierigkeiten mehr. Man braucht ja nur den Kondensator C_1 auf die Welle des Senders einzustellen.

In Abb. 20 zeigt der Antennenkreis die Schaltung „lang". Kondensator C_1 und Antennenkapazität C_n sind parallel geschaltet, addieren also einfach einander.

Für kleine Wellen wendet man die Schaltung „kurz" an. Antennenkapazität C_n, Kondensatorkapazität C_1 und Induktivität L_1 sind in Reihe geschaltet. Die resultierende Kapazität C ergibt sich aus der Gleichung: $\frac{1}{C} = \frac{1}{C_n} + \frac{1}{C_1}$.

Die an den Enden von L_3 auftretenden Anodenspannungsänderungen werden durch den Kondensator $C_3 = 300$ cm auf das Gitter der zweiten Röhre übertragen, das eine Ruhespannung von etwa — 1 Volt hat. Die positiven Phasen der an das Gitter gelangenden Wellenzüge ziehen Elektronen von dem Glühfaden an das Gitter, dessen positive Ladung damit aufgehoben wird. Die negativen Phasen am Gitter lassen keine Elektronen zum Gitter gelangen. Die auf das Gitter gelangenden Wechselspannungen werden also gleichgerichtet und das Gitter selbst immer negativer.

Die Höhe der negativen Spannung, die das Gitter annehmen kann, ist durch die Größe des Silitwiderstandes R_1 (ungefähr 1 Million Ohm) begrenzt. Ist auf die Isolation der Leitungen des Verstärkers kein allzu großes Gewicht gelegt, dann kann R_1 eventuell ganz fehlen. Beim Bau eines Widerstandsverstärkers lege man auf die der größten Lautstärke im Lautsprecher entsprechenden günstigsten Größe von R_1 durch Ausprobieren Wert.

Der Ruhegitterspannung entspricht bei einer festen Anodengleichspannung ein konstanter Anodengleichstrom; bei 100 Volt

Anodengleichspannung nahezu der Sättigungsstrom. Wird nun das Gitter durch einen einfallenden Wellenzug immer negativer, dann nimmt auch der durch die Gitterspannung gesteuerte Anodenstrom schwingend ab und ruft damit Schwingungen der Membran eines im Anodenkreis liegenden Fernhörers hervor. Ist der einfallende Wellenzug verklungen, dann steigt die negative Gitterspannung über R_1 bis zur Ruhegitterspannung. Für Lautsprecherempfang des Ortssenders mit Hoch- oder Zimmerantenne reichen wohl stets ein Hochfrequenzverstärker- und ein Widerstandsverstärkerrohr aus. In ländlichen Gegenden bis etwa 100 km Entfernung von einem Sender wird man noch ein Widerstandsverstärkerrohr, also den Empfänger Abb. 20 benötigen. Für Fernempfang kann man Rückkopplung nicht entbehren.

An Klemme *A* liegen + 100 Volt der Anodenbatterie, an Klemme *B* + 6 Volt der Akkumulatorenbatterie und an Klemme *C* der negative Pol der Anoden- und der negative Pol der Akkumulatorenbatterie.

XVI. Die Elektronenröhre als Generator, der Röhrensender.

Die städtische Zentrale von 220 Volt (Abb. 21) ist an zwei hintereinandergeschaltete 110 Volt-Glühlampen H_1 und H_2 gelegt. Die positive Spannung an H_2 liegt an der Anode *A* der Röhre, die Spannung Null von H_2 führt zu einem Schwingungskreis, bestehend aus einer Selbstinduktion L_1 und einer veränderlichen Kapazität *C*.

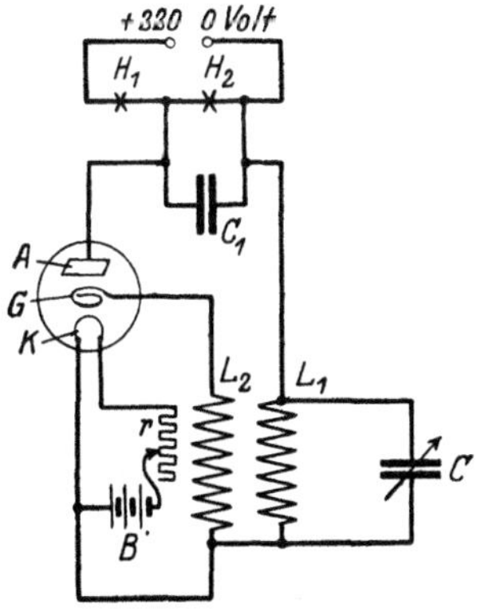

Abb. 21.

L_1 und die mit L_1 magnetisch gekoppelte Selbstinduktion L_2 sind leicht behelfsmäßig herzustellen. Zwei gleiche Zigarrenkisten für 50 Zigarren werden des Deckels und der Rückwände beraubt. Der eine Rahmen wird seiner Länge und Breite nach um etwa 5 mm verkleinert, so daß dieser Rahmen in den Rahmen, der von der anderen Zigarrenkiste herrührt, gelegt werden kann. In beide Rahmen (Abb. 22) werden an jeder Außenseite je vier kleine Löcher *a*, *b*, *c*, *d* und *e*, *f*, *g*, *h* mit dem Holzbohrer gebohrt. Das eine Ende des seidenumsponnenen Drahtes von etwa Klingeldrahtstärke wird durch Loch *d* von oben nach unten, dann durch Loch *c* von unten nach oben, dann durch Loch *b* wieder von oben nach unten und schließlich durch Loch *a* von unten nach oben gezogen. Der Draht wird alsdann in eng aneinanderliegenden Windungen (10 bis 20) auf den Holzrahmen gewickelt und das übrigbleibende Ende des Drahtes durch die Löcher *e*, *f*, *g* und *h* in der eben angegebenen Weise gezogen. Will man auch Schwebungen von elektrischen Wellen zeigen, dann empfiehlt es sich, zwei gleiche Paare von Spulen der angegebenen Form herzustellen (zwei gleiche größere und zwei gleiche kleinere Spulen, wovon die kleineren in die größeren gestellt werden können). Scheut man die Mühe der Selbstanfertigung der Spulen, so kaufe man 4 gleiche Honigwabenspulen mit 2 Spulensockeln.

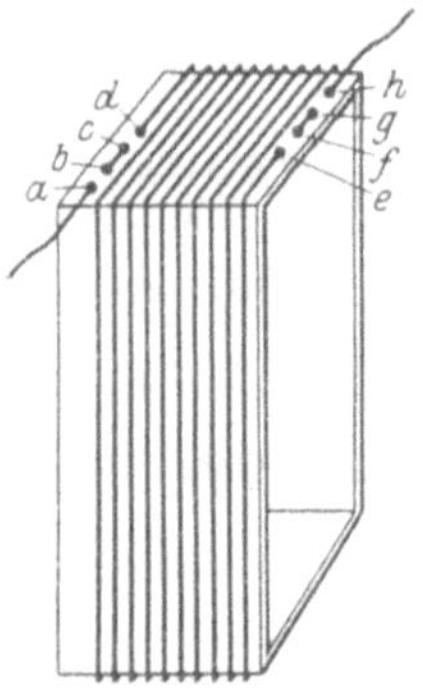

Abb. 22.

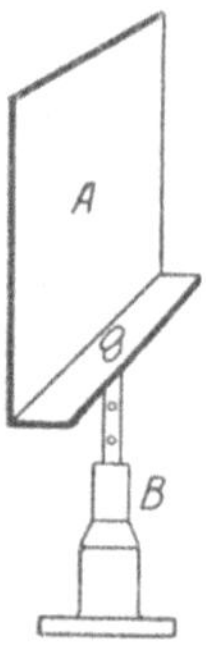

Abb. 23.

C ist ein Drehkondensator. Behelfsmäßig verwendet man zwei quadratische Blechplatten *A* (Abb. 23) mit einer Seitenlänge von etwa 30 cm. Jede Blechplatte wird, wie in der in der Abbildung ersichtlichen Weise, von je einem Isolierfuß *B* getragen. Als Fuß bewährt sich eine Holz'sche Klemme. Beim Betrieb stehen die Flächen der Platten parallel.

Nähert man beide Platten, dann wird die Kapazität dieses behelfsmäßigen Plattenkondensators vergrößert.

L_1 und L_2 sind in dem gleichen Wicklungssinn des Drahtes ineinanderzustellen. Zwei ihrer Enden sind durch eine Klemmschraube miteinander verbunden. Von dieser Klemmschraube aus führt man eine leitende Verbindung zum negativen Pol der Heizbatterie. Das freie Ende der kleinen Spule L_2 ist ans Gitter gelegt.

K ist wieder die Kathode, die über den Regulierwiderstand *r* von der Heizbatterie *B* geheizt wird. Starke Heizung des Glühfadens fördert das Einsetzen der Schwingungen.

Bei der Schaltung Abb. 21 sind Anoden- und Gitterkreis magnetisch oder induktiv miteinander gekoppelt, bei der Schaltung Abb. 24 galvanisch-induktiv. Die Schaltung Abb. 21 erscheint etwas einfacher als die Schaltung Abb. 24. Zur Schaltung Abb. 24 benötigt man nämlich eine stufenweise abgreifbare Selbstinduktion (Abb. 25), deren Herstellung teuerer und schwieriger ist, als die in Abb. 22 dargestellte. Der auf den geschellackten Pappzylinder von 30 cm Höhe und einem Grundkreisradius von 8 cm Länge gewickelte, seidenumsponnene Kupferdraht hat etwa 2 mm Stärke. Die Selbstherstellung des Pappzylinders ist sehr mühsam und erfordert eine Menge Leim, Pappe und Papier; man läßt ihn deshalb besser von einem Buchbinder anfertigen.

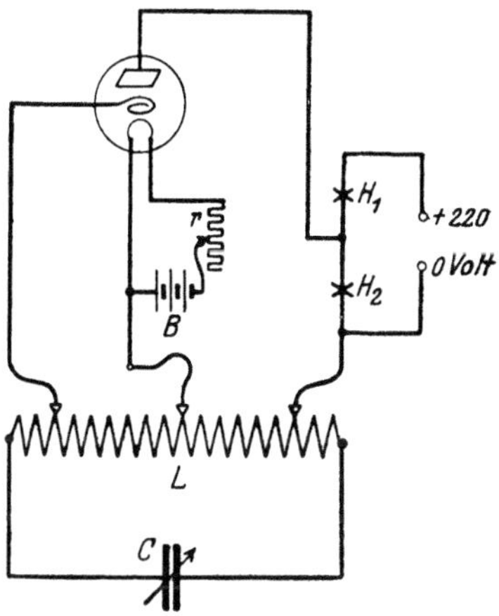

Abb. 24.

In den Pappzylinder werden den Grundkreisen nahe und parallel je vier Löcher *a*, *b*, *c*, *d* und *e*, *f*, *g*, *h* mit der Reibahle gebohrt. Durch *a*, *b*, *c*, *d* wird nach dem bei der Anfertigung der Spule Abb. 22 angegebenen Verfahren das eine Ende des aufzuwickelnden Drahtes und dann vier bis fünf eng aneinander liegende Windungen aufgespult, eine Schleife gezogen und das offene Ende der Schleife, das am Pappzylinder liegt, verdrillt, dann wieder vier bis fünf Windungen auf den Pappzylinder ge-

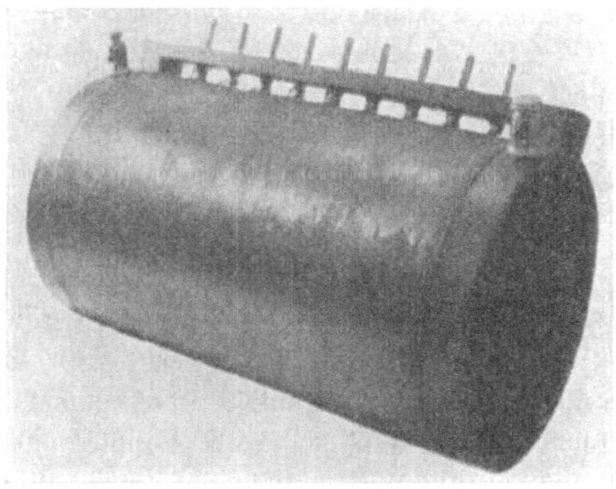
Abb. 25.

wickelt, abermals eine Schleife aus dem Draht gelegt, am offenen Ende verdrillt usw., bis die ganze Spule mit Draht bewickelt ist. Die an der Spule hervorstehenden Schleifen werden entisoliert, und zwei der hervorstehenden Drähte mit Klemmschrauben versehen. Um guten Kontakt zu erhalten, kann man auch die verdrillten Drähte verlöten.

Eine solche Spule L ermöglicht mit dem Drehkondensator die Schaltung eines Schwingungskreises, dessen Wellenlängen in weiten Grenzen geändert werden können, und die Rückkopplung zwischen Gitter- und Anodenkreis passend zu wählen. Die Daten der Spule Abb. 25 sind folgende: Durchmesser des Pappzylinders $d = 16$ cm,

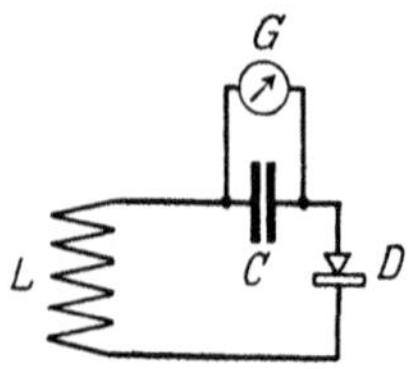

Abb. 26.

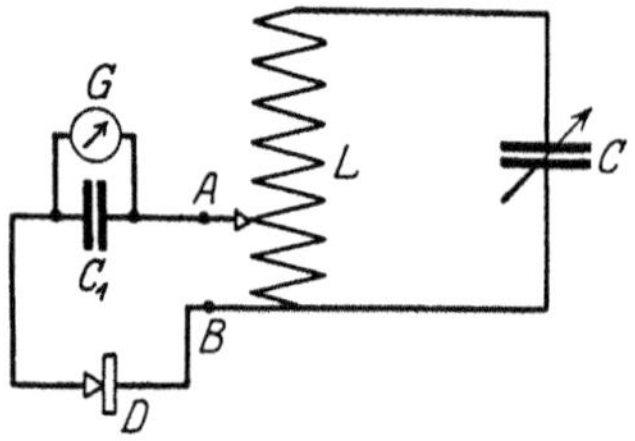

Abb. 27.

Höhe des Pappzylinders $h = 30$ cm, Länge der Bewicklung $l = 25{,}9$ cm, Gleichstromwiderstand $R = 2{,}08$ Ohm, Induktivität. $L = 0{,}00274$ Henry, Zahl der Windungen $n = 190$. Für viele Versuche ist der Besitz einer zweiten Spule, die in die Spule Abb. 25 geschoben werden kann, erwünscht, diese Spule ist an zwei Stellen angezapft, also gedrittelt. Ihre Daten sind:

$$d = 14{,}2 \text{ cm}, \quad h = 30 \text{ cm}, \quad l = 25{,}8 \text{ cm}, \quad R = 1{,}75 \text{ Ohm},$$
$$L = 0{,}00206 \text{ Henry}, \quad n = 185.$$

Zum Nachweis der Schwingungen benutzen wir:

1. einen aperiodischen Kreis (Abb. 26) bestehend aus einer Selbstinduktion L (4 bis 5 rechteckigen $10 \cdot 15 \text{ cm}^2$ Windungen aus 2 mm starkem, isoliertem Kupferdraht auf Holzbrett mit zwei aufgeschraubten Klemmen, zu denen die Enden der Windungen führen) einem Kristalldetektor D und einem Blockkondensator C von etwa 1000 cm Kapazität. Parallel zu C liegt ein Galvanometer G. Der Blockkondensator kann auch fehlen.

2. einen Wellenmesser (Abb. 27). Er besteht aus einer stufenweise veränderlichen Selbstinduktion L und einem Drehkonden-

sator C. Dieser Schwingungskreis ist für die einzelnen Stellungen des Kondensators C geeicht. An zwei Stellen ist die Selbstinduktion L angezapft und an den beiden Stellen A und B ein periodischer Kreis, bestehend aus dem Kristalldetektor D und der Kapazität C_1 mit parallel geschaltetem Galvanometer G angehängt. Beim Wellenmesser ist das Resonanzprinzip angewendet. Will man die Wellenlänge eines elektrisch schwingenden Kreises messen, so nähert man dessen Selbstinduktion der Selbstinduktion des Wellenmessers und bringt durch Verändern des Kondensators beide Schwingungskreise in Resonanz, was am größten Ausschlag des Galvanometers G erkannt wird. In diesem Fall ist die gesuchte Wellenlänge des elektrischen Schwingungskreises gleich der von der Eichung des Drehkondensators unmittelbar angegebenen Wellenlänge des Wellenmessers.

Empfehlenswert, aber nicht unbedingt erforderlich ist es, zu H_2 bzw. zur Anodenbatterie einen großen Kondensator (1 Mikrofarad) parallel zu legen und zwischen je einen Pol des Kondensators (Abb. 28) und der Anodenspannung Drosselspulen D_1 und D_2 einzuschalten. Die Schwingungen des Schwingungskreises L_1 C_2 (Abb. 28) fließen über den kleinen Widerstand des Kondensators C_1 und nicht über die Lampe H_2 bzw. die Anodenbatterie, weil ihnen die Drosseln D_1 und D_2 mit ihrem hohen Wechselstromwiderstand den Weg versperren.

XVII. Wirkungsweise der Röhre als Generator.

Denken wir uns für einen Augenblick L_2 (Abb. 21) weg und dann den Anodenkreis geschlossen, so wird der Kondensator C von der Anodenbatterie (Spannung an H_2) geladen. Die Spannungsdifferenz an den Belegen von C wird sich oszillatorisch über die Selbstinduktion L_1 ausgleichen. Die im Schwingungskreis L_1C entstandenen Schwingungen werden also gemäß ihrer Dämpfung abklingen. Ist aber L_1 mit L_2 gekoppelt, dann übertragen sich die anfänglich nur schwachen Schwingungen im Kreise L_1C auf den Gitterkreis und rufen am Gitter Gitterspannungsschwankungen hervor, die ihrerseits wieder auf die Schwingungen im Kreise L_1C zurückwirken. Die Schwingungen im Gitterkreis werden verstärkend auf diejenigen im Schwingungskreis L_1C wirken, wenn die Gitterspannung in solchem Rhythmus schwankt, daß der Anodenstrom auf die Schwingungen im Kreise L_1C verstärkend wirkt. Dies ist erreicht, wenn die Phasenverschiebung der Wechselspannung zwischen Gitter und Kathode gegen diejenige zwischen Anode und Kathode um 180^0 verschoben ist, also dann, wenn der Wicklungssinn der Spule L_1 gegen den von L_2 so gewählt ist, daß die Spannung an den Enden von L_1 gegen die von L_2 induzierte um 180^0 phasenverschoben ist.

Die Stärke der Schwingungen im Kreise $L_1 C$ ist sehr abhängig von der Kopplung der Selbstinduktionen L_1 und L_2. Durch Nähern bzw. Entfernen oder Drehen der beiden Spulen L_1 und L_2 gegeneinander findet man bald durch den größten Ausschlag im Galvanometer *Ga* des aperiodischen Kreises die günstigste Kopplung.

Geschieht der Nachweis der Schwingungen des Röhrensenders und die Messung ihrer Wellenlängen durch den Wellenmesser, dann darf man den Drehkondensator des Wellenmessers nur langsam durchdrehen, um die Resonanzlage finden zu können. Die Resonanz ist nämlich ungemein scharf. Dreht man den Drehkondensator des Wellenmessers schnell durch, so kann es leicht vorkommen, daß man die Resonanzlage übergeht.

Setzen die Schwingungen des Röhrensenders aus, indem man beispielsweise dem Schwingungskreis zuviel Energie entzieht, so öffne und schließe man den Schalter vor der Lampe H_2 bzw. in der Anodenleitung.

XVIII. Schwebungen.

Die Erzeugung von Schwebungen kann in der in Abb. 28 angegebenen Schaltung geschehen. Zwei in allen Teilen gleiche Röhrensender sind durch ihre Selbstinduktionen L_1 und L_3 mit den Selbstinduktionen L_6 und L_5 eines aperiodischen Kreises induktiv gekoppelt. D ist der Detektor und F der Fernhörer im aperiodischen Kreis, C_2 und C_4 sind entweder zwei Drehkondensatoren oder behelfsmäßig je zwei mit ihren Flächen parallel gegenüberstehende Blechplatten (Abb. 23). Da im letzteren Falle die Kapazität des Schwingungskreises $C_2 L_1$ (bzw. $C_4 L_2$) klein ist, so ist die Wellenlänge dieses Kreises sehr von der Größe der Kapazität des Kondensators C_2 (bzw. C_4) abhängig. Nur geringe Änderungen von C_2 (bzw. C_4) ändern die Wellenlänge des Kreises sehr beträchtlich. Schwingen die beiden Röhrensender, so genügt schon das Annähern der Hand an C_2 (bzw. C_4), um alle hörbaren Töne

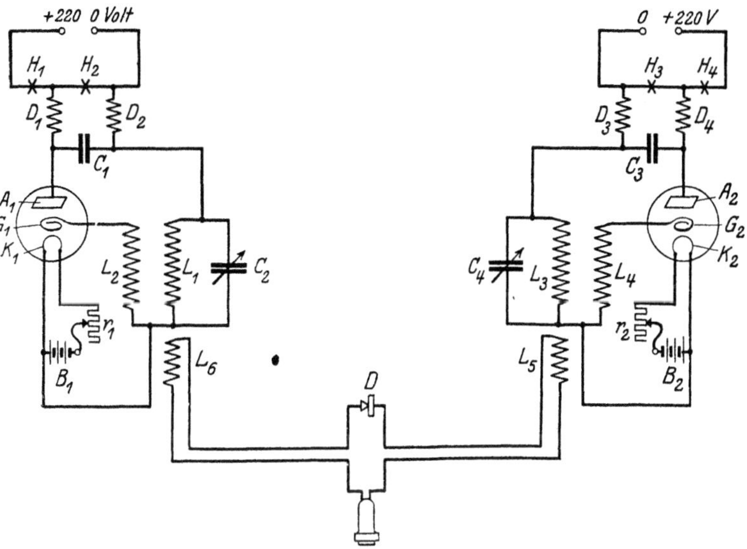

Abb. 28.

von den höchsten bis zu den tiefsten und von den tiefsten bis zu den höchsten im Fernhörer darzustellen.

Ist beispielsweise die Wellenlänge des Kreises $(C_2 L_1)$ $\lambda_1 = 3000$ m, die des Kreises $(C_4 L_3)$ $\lambda_2 = 3009$ m, dann sind ihre Schwingungszahlen n_1 und n_2 durch die Gleichungen

$$\lambda_1 = \frac{e}{n_1} \quad \text{und} \quad \lambda_2 = \frac{e}{n_2},$$

wo $c = 3 \cdot 10^{10}$ cm/sec ist, festgelegt. In unserem Falle ist $\lambda_1 = 300\,000$ cm, $\lambda_2 = 300\,900$ cm, also

$$n_1 = \frac{3 \cdot 10^{10}}{3 \cdot 10^5} = 10^5 = 100\,000 \text{ und}$$

$$n_2 = \frac{3 \cdot 10^{10}}{3009 \cdot 10^2} = \frac{10^8}{3009} = 99\,701 \text{ Schwingungen pro Sekunde.}$$

Die Anzahl der pro Sekunde entstehenden Schwebungen ist:

$$n_1 - n_2 = 100\,000 - 99\,701 = 299.$$

Diese Schwebungen werden durch den Detektor D in Gleichstromimpulse umgewandelt. Die Membran des Fernhörers F wird 299 mal pro Sekunde angezogen und losgelassen. Im Fernhörer ertönt der Ton mit der Schwingungszahl 299.

GPSR Compliance

The European Union's (EU) General Product Safety Regulation (GPSR) is a set of rules that requires consumer products to be safe and our obligations to ensure this.

If you have any concerns about our products, you can contact us on ProductSafety@springernature.com

In case Publisher is established outside the EU, the EU authorized representative is:

Springer Nature Customer Service Center GmbH
Europaplatz 3
69115 Heidelberg, Germany

Batch number: 10682439

Printed by Printforce, the Netherlands